Zusammenstellung

der

Bestimmungen über Ausbildung und Prüfung

für den

Preußischen Staatsforstverwaltungsdienst.

Mit einem Anhange

enthaltend die Vorschriften über die Prüfung der öffentlich anzustellenden Landmesser.

Zweite Auflage.

Springer-Verlag Berlin Heidelberg GmbH
1885

ISBN 978-3-662-40657-1   ISBN 978-3-662-41137-7 (eBook)
DOI 10.1007/978-3-662-41137-7

Inhalt.

		Seite.
I.	Bestimmungen über Ausbildung und Prüfung für den Königlichen Forstverwaltungsdienst vom 1. August 1883	3
II.	Statuten für die Studirenden der Königlichen Forst-Akademien zu Eberswalde und Münden vom 24. Januar 1884	15
III.	Dienst-Instruktion für das Königliche Reitende Feldjäger-Corps vom 1. August 1874. (Auszüglich)	30
IV.	Uebersicht über die zweckmäßigste Reihenfolge des Ausbildungsganges für den Königlichen Forstverwaltungsdienst	26
V.	Anhang: Vorschriften über die öffentlich anzustellenden Landmesser vom 4. September 1882	33

I.
Bestimmungen
über
Ausbildung und Prüfung für den Königlichen Forstverwaltungsdienst.

§ 1.
Die Befähigung zur Anstellung als verwaltender Beamte, (Oberförster 2c.) im Königlichen Forstdienste wird erlangt durch: *Allgemeine Uebersicht.*

das Bestehen des ersten forstlichen Examens, (Forstreferendar=Examens), und des

forstlichen Staats=Examens, (Forstassessor=Examens).

§ 2.
Die Ausbildung zu den forstlichen Prüfungen erfolgt durch vorbereitende Beschäftigung im Walde, durch systematische wissenschaftliche Studien und durch praktische Uebung in allen Geschäften der Forstverwaltung.

§ 3.
Die Zulassung zu der Laufbahn für den Königlichen Forstverwaltungsdienst kann nur demjenigen gestattet werden, welcher *Allgemeine Bedingungen.*
1. das Zeugniß der Reife als Abiturient von einem Gymnasio des Deutschen Reiches oder einem Preußischen Realgymnasio erlangt und in diesem Zeugnisse eine unbedingt genügende Censur in der Mathematik erhalten,
2. das 22 ste Lebensjahr noch nicht überschritten hat,
3. eine namentlich auch hinsichtlich des Seh=, Hör= und Sprachvermögens fehlerfreie, kräftige, für die Beschwerden des Forstdienstes angemessene Körperbeschaffenheit besitzt, so daß seine Felddienstfähigkeit keinem Zweifel unterliegt, (§ 5 Nr. 3)
4. über tadellose, sittliche Führung sich ausweist und
5. den Nachweis der zur forstlichen Ausbildung erforderlichen Subsistenz= mittel führt. (§ 5 Nr. 5.)

§ 4.
Die forstliche Ausbildung beginnt mit einer mindestens einjährigen, praktischen Vorbereitung im Walde, unter Leitung eines Königlichen Oberförsters. *Praktische Vorbereitung.*

Zweck dieser Vorbereitung ist, daß der Forstbeflissene mit dem Walde und den beim Forstbetriebe vorkommenden Arbeiten durch lebendige Anschauung und praktische Uebung sich bekannt macht, insbesondere die wichtigsten Holzarten kennen lernt und durch fleißige Theilnahme an den Forstkultur=Arbeiten, der Waldpflege, den Arbeiten in den Holzschlägen, am Forstschutze und an waidmännischer Ausübung

1*

der Jagd, sowie durch Beschäftigung mit Vermessungsarbeiten sich diejenigen Vorkentnisse und Fertigkeiten aneignet, welche als Grundlage zu weiteren erfolgreichen forstwissenschaftlichen Studien und namentlich zum Verständniß der Vorträge bei einer Forstakademie erforderlich sind.

§ 5.

Bedingungen des Eintritts als Forstbeflissener.

Der Antrag zur Annahme als Forstbeflissener ist an den Ober-Forstmeister der Regierung zu richten, in deren Bezirk der Aspirant die praktische Vorbereitungszeit zu absolviren wünscht.

Dem eigenhändig schriftlich abzufassenden Antrage ist beizufügen:
1. das Schulzeugniß der Reife,
2. Taufschein oder Geburtsschein,
3. ein Attest eines oberen Militairarztes, daß der Antragsteller frei von körperlichen Gebrechen und wahrnehmbaren Anlagen zu chronischen Krankheiten ist, ein scharfes Auge, gutes Gehör und fehlerfreie Sprache hat, und daß die gegenwärtige Körperbeschaffenheit keine Bedenken gegen die künftige Tauglichkeit zum Militairdienst begründet,
4. wenn der Antragsteller nicht unmittelbar aus der Schulanstalt tritt, für die Zwischenzeit glaubhafte Atteste über Beschäftigung und sittliche Führung,
5. eine schriftliche Verpflichtung des Vaters oder der Angehörigen, oder des Vormundes resp. der vormundschaftlichen Behörde zur Unterhaltung des Eintretenden während mindestens noch sieben Jahren.

Der Ober-Forstmeister hat über die Familienverhältnisse des Antragstellers und über seine Persönlichkeit noch nähere Erkundigungen einzuziehen und, sofern sich dabei Bedenken ergeben, an den Ressort-Minister zu berichten.

§ 6.

Eintritt als Forstbeflissener.

Wenn gegen die Zulassung kein Bedenken obwaltet, so bezeichnet der Ober-Forstmeister nach Anhörung der betreffenden Forstmeister dem Aspiranten geeignete Oberförstereien für die praktische Vorbereitungszeit. Der Aspirant hat alsdann seine Aufnahme auf eine dieser Oberförstereien von dem betreffenden Oberförster zu erwirken, und letzterer den Tag des Eintritts des Aspiranten in die praktische Vorbereitungszeit sofort dem Forstmeister und Ober-Forstmeister anzuzeigen. Es bleibt jedoch deren Ermessen vorbehalten, den Forstbeflissenen gleich oder auch im Laufe der Vorbereitungszeit an einen anderen Oberförster zur Ausbildung zu überweisen, wenn dazu Motive obwalten, über welche nur dem Ressort-Minister auf Erfordern Auskunft zu geben ist.

§ 7.

Ausbildung während der Vorbereitungszeit.

Eine dem Zwecke der Vorbereitung entsprechende, sorgfältige und gründliche Unterweisung und Beschäftigung der Forstbeflissenen gehört zu den wichtigsten Dienstobliegenheiten der Oberförster. Insbesondere ist auch Anleitung im Feldmessen und Nivelliren zu ertheilen.

Zeigt sich ein Forstbeflissener wegen Mangels an natürlichen Anlagen oder an Anstelligkeit und Interesse für die Waldgeschäfte, wegen körperlicher Schwäche oder Gebrechen, wegen Unfleißes, Unzuverlässigkeit, unmoralischer Führung oder aus sonst einem Grunde als ungeeignet für den Königlichen Forstdienst, so hat der Oberförster dem Forstmeister und Ober-Forstmeister hierüber Anzeige zu machen, damit dieselben rechtzeitig die Entlassung des Forstbeflissenen anordnen, wenn sie die Ueberzeugung gewinnen, daß derselbe sich für den Forstdienst nicht eignet.

§ 8.

Zeugniß über die praktische Vorbereitungszeit.

Nach beendigter Vorbereitungszeit hat der Oberförster dem Forstbeflissenen ein Zeugniß über deren Dauer, sowie über seine Führung und die erlangte Vorbildung auszustellen. Es ist darin ausdrücklich zu erwähnen, daß der Forstbeflissene auch mit Vermessungs- und Nivellements-Arbeiten sich beschäftigt hat.

Das Zeugniß ist vom Oberförster, unter Beidrückung des Dienstsiegels, unterschriftlich zu vollziehen und vom Forstmeister in gleicher Weise, event. mit den ihm erforderlich erscheinenden Zusätzen, zu bestätigen.

§ 9.

Zur weiteren, forstwissenschaftlichen Ausbildung hat der Forstbeflissene eine Forstakademie oder ein mit einer Universität verbundenes Forstlehrinstitut des Deutschen Reiches mindestens 2 Jahre zu besuchen. Wer zu diesem Behufe ein anderes Forstlehrinstitut als die zu Eberswalde oder Münden benutzen will, muß durch Anfrage bei dem Ressort-Minister sich vorher vergewissern, daß dessen Besuch ihm auf den vorgeschriebenen Zeitraum forstwissenschaftlicher Studien angerechnet werden kann. Die letzteren müssen alle diejenigen Gegenstände, welche in dem Regulativ für die Forstakademien zu Eberswalde und Münden als Lehrgegenstände bezeichnet sind, in dem Maße umfassen, wie es nothwendig ist, um den Anforderungen in den forstlichen Prüfungen genügen zu können. An den Akademien zu Eberswalde und Münden findet die Aufnahme nur zu Ostern statt.

Forstwissenschaftliches Studium.

§ 10.

Außer diesem forstwissenschaftlichen Studium hat der Forstbeflissene noch zwei Semester Universitätsstudien, insbesondere der Rechts- und Staats-Wissenschaften zu machen, und zwar in der Regel nach den forstakademischen Studien.

Die Ableistung des Militairdienstjahres kommt als Studienzeit weder für den Besuch der Forstakademie noch der Universität in Anrechnung.

Universitäts-Studium.

§ 11.

Nach Vollendung dieser Studien und zwar spätestens binnen 6 Jahren nach Beginn der Vorbereitungszeit (§ 4) ist die Meldung zum ersten forstlichen Examen bei dem Ressort-Minister mittelst schriftlicher Eingabe zu bewirken, unter Vorlegung

Meldung zum ersten forstlichen Examen.

1. eines eigenhändig geschriebenen Lebenslaufs,
2. des Reifezeugnisses von der Schule,
3. des Zeugnisses über die praktische Vorbereitungszeit (§ 8) und, wenn nach dessen Ausstellung nicht sofort die Studien auf der Forstakademie oder Universität begonnen sind, des Attestes über Verwendung der Zwischenzeit,
4. der Zeugnisse über den Besuch einer Forstakademie (§ 9),
5. eines noch besonders auszustellenden Zeugnisses über regelmäßige Theilnahme an dem geodätischen Unterrichte und den praktischen Uebungen im Feldmessen und Nivelliren ꝛc., sowie dem Unterrichte im Planzeichnen auf der Forstakademie oder Universität,
6. der Zeugnisse über Universitätsbesuch (§ 10),
7. einer auf Grund eigener Vermessung und Auftragung gefertigten Spezialkarte über mindestens 100 ha nebst einer General-Vermessungstabelle und Coordinatenberechnung unter Beifügung des Vermessungsmanuals. Bei dieser Vermessung ist die Umringsmessung mit dem Theodoliten, die Detailmessung mit der Bussole auszuführen,
8. einer Bestands- oder einer Wirthschaftskarte im Maßstabe von 1 : 25000 über mindestens 500 ha,
9. der Darstellung eines Nivellements von mindestens 2 km Länge in Zeichnung und Tabellen nach eigener Aufnahme unter Beifügung des Nivellementsmanuals.

Jedes der Stücke sub 7 bis 9 muß mit einer von dem Examinanden selbst geschriebenen Versicherung versehen sein, daß er dasselbe in allen Theilen eigenhändig, ohne fremde Beihülfe gefertigt hat.

§ 12.

Zweck des ersten forstlichen Examens.

Durch das erste forstliche Examen soll der Nachweis geführt werden, daß der Forstbeflissene die erforderliche, allgemeine Bildung und hinreichende Auffassungsgabe besitzt, daß er seine Fachstudien mit befriedigendem Erfolge betrieben, daß er ein genügendes, wissenschaftliches Fundament für seine weitere, praktische Ausbildung gelegt hat, und daß er im Ganzen zu der Erwartung berechtigt, er werde sich zu einem brauchbaren Verwaltungsbeamten für den Königlichen Forstdienst heranbilden.

§ 13.

Anforderungen im ersten forstlichen Examen.

Es sind daher in der forstlichen Prüfung folgende Anforderungen zu stellen:

A. in der Hauptwissenschaft gründliche Kenntnisse in der gesammten Theorie der Forstwissenschaft in Beziehung auf Waldbau, Forsteinrichtung und Abschätzung, Waldwerthberechnung, Forstbenutzung und Technologie, Forstschutz und Forstpolizei, Forstgeschichte und Forstliteratur;

B. in den Hülfswissenschaften:

1. in der reinen Mathematik: Kenntniß der Arithmetik und Algebra bis einschließlich der Lehre von den Gleichungen zweiten Grades, von den Logarithmen nebst deren praktischen Anwendung und der Lehre von den Reihen; Kenntniß der Planimetrie, Stereometrie, ebenen Trigonometrie und der Grundzüge der sphärischen Trigonometrie, sowie der Lehre von den Linear- und Polar-Koordinaten.

2. in der Geodäsie: Kenntniß des Feldmessens, Nivellirens, Tracirens und der Instrumentenkunde, sowie der barometrischen Höhenmessung; Fertigkeit im Gebrauche der zum Feldmessen und Nivelliren üblichen Instrumente; Fertigkeit im Auftragen, Berechnen, in der Feldertheilung und im Planzeichnen; Kenntniß der für Preußen bestehenden Vorschriften über die Ausführung von Landmesser-, insbesondere forstgeometrischen Arbeiten.

3. in der Statik und Mechanik: Bekanntschaft mit den Elementen derselben.

4. in der Naturkunde: Kenntniß der allgemeinen Klassifikation der Naturkörper und insbesondere

   a) in der Zoologie: Bekanntschaft mit der systematischen Eintheilung des Thierreichs und Kenntniß der für den Forstmann und Jäger wichtigen Säugethiere, Vögel und Insekten, rücksichtlich der letzteren nähere Bekanntschaft mit der entomologischen Systematik und Nomenklatur, mit dem Bau und der Lebensweise der Insekten im Allgemeinen und der schädlichen und nützlichen Forstinsekten insbesondere;

   b) in der Botanik: Bekanntschaft mit einem anerkannt guten Systeme, Uebung im Klassifiziren und Beschreiben der Pflanzen, mit Anwendung richtiger Terminologie, spezielle Kenntniß der in Deutschland im Freien ausdauernden Holzarten und für den Forstmann wichtigen sonstigen Pflanzen, und Bekanntschaft mit den allgemeinen Lehren der Pflanzen-Physiologie und Anatomie;

   c) in der Mineralogie: generelle Bekanntschaft mit der Oryktognosie, Geognosie und Geologie insoweit, daß eine allgemeine, deutliche Ansicht von der Entstehung und den Lagerungsverhältnissen der Gebirgsarten, ihrer Gemengtheile und vorzüglichsten Bestandtheile, sowie ihrer Einwirkung auf die Vegetation nachgewiesen, und specielle Kenntniß der für den Forstmann wichtigsten Gesteine und Mineralien dargethan wird;

   d) in der Chemie und Physik: Bekanntschaft mit den Hauptlehren über die allgemeinen Eigenschaften der Körper, über Wärme,

Licht, Magnetismus, Elektricität und mit den Hauptlehren der Chemie, namentlich in Beziehung auf die Forsttechnologie (Verkohlung, Gewinnung und Benutzung der Baumsäfte ꝛc.);

5. in der Rechtskunde:

Bekanntschaft mit der historischen Entwickelung und den allgemeinen Grundsätzen des materiellen und formellen Rechts in Preußen und Kenntniß der bei der Forstverwaltung hauptsächlich in Betracht kommenden, gesetzlichen Bestimmungen des Civil- und Strafrechts.

§ 14.

Termine des ersten forstlichen Examens.

Das erste forstliche Examen wird in der Regel einmal im Jahre, durch eine vom Ressort-Minister dazu berufene Kommission, nach Maßgabe des von demselben erlassenen Prüfungs-Reglements, theils im Zimmer, theils im Walde abgehalten. In den Fächern sub B. 1—4 des § 13 ist die Prüfung eine abschließende.

§ 15.

Bescheid über Ausfall des ersten forstlichen Examens. Erlangung des Prädikats „Forstreferendar".

Ueber das Ergebniß der Prüfung wird von dem Ressort-Minister ein Bescheid ausgefertigt. Durch denselben erhält der Forstbeflissene, wenn er die Prüfung bestanden hat, das Prädikat „Forstreferendar" und die erforderliche Anweisung über die Fortsetzung seiner Laufbahn. Hat er aber den Anforderungen nicht genügt, so wird er auf eine nur einmal zulässige gänzliche oder theilweise Wiederholung der Prüfung verwiesen. Diese zu wiederholende Prüfung muß spätestens nach 2 Jahren abgelegt werden.

§ 16.

Vereidigung als Forstreferendar.

Auf Grund der bestandenen ersten Prüfung erfolgt, wenn kein Bedenken obwaltet, die Vereidigung derjenigen Forstreferendarien, welche nicht dem reitenden Feldjägerkorps oder einem Jägerbataillon angehören, oder nicht schon anderweit den Staatsdiener-Eid geleistet haben.

§ 17.

Weitere praktische Ausbildung.

Zu seiner weiteren Ausbildung hat der Forstreferendar sich in lehrreichen Forsten durch fortgesetztes wissenschaftliches Selbststudium, besonders aber durch eifrige Theilnahme an allen Geschäften im Walde und überhaupt an allen in den künftigen Beruf einschlagenden Arbeiten, praktisch alle für den Forstwirthschaftsbetrieb und die Geschäftsverwaltung erforderlichen Kenntnisse und Fertigkeiten unter Leitung geeigneter Königlicher Oberförster gründlich anzueignen.

§ 18.

Wahl der Reviere dazu.

Welche Königliche Oberförstereien er zu diesem Behufe wählen will, wird in der Regel dem Ermessen des Forstreferendars überlassen. Es bleibt jedoch dem Ressort-Minister vorbehalten, ihm vorzuschreiben, auf welchen Oberförstereien er seine weitere Ausbildung verfolgen soll.

Durch Vermittelung desjenigen Königlichen Oberförsters, bei welchem der Referendar einen längeren als vierwöchentlichen Aufenthalt zu nehmen beabsichtigt, hat er sich bei dem Ober-Forstmeister und Forstmeister des Bezirks, unter Beifügung des Bescheides über das bestandene erste forstliche Examen schriftlich zu melden, und deren Genehmigung dazu nachzusuchen. Finden sich Bedenken, diese zu ertheilen, so haben beide Beamte darüber gemeinschaftlich an den Ressort-Minister zu berichten.

Der Forstreferendar hat von jeder Veränderung seines Aufenthaltsortes, welche nicht in Folge direkt an ihn ergehender Anweisung der Centralforstbehörde eintritt, also auch von jeder Einberufung zum Militärdienste dem Ressort-Minister sofort direkt Anzeige zu machen.

§ 19.

Dienstverhältniß.

Der Oberförster, bei welchem ein Forstreferendar sich aufhält, ist dessen nächster, dienstlicher Vorgesetzte. Jeder Forstreferendar hat für sein dienstliches Verhältniß zu dem Oberförster und den höheren Vorgesetzten die Dienstinstruktion für die Königlichen Forstschutzbeamten zur Richtschnur zu nehmen.

§ 20.

Zeitraum für die praktische Ausbildung.

Der Zeitraum für die praktische Ausbildung des Forstreferendars beträgt nach vollständig genügender Ablegung des ersten forstlichen Examens noch mindestens zwei Jahre. Bei Berechnung dieser Zeit dürfen Unterbrechungen der praktischen Beschäftigung durch zum einjährigen freiwilligen Dienste nicht gehörenden Militärdienst oder Beurlaubung nur insoweit außer Berücksichtigung bleiben, als sie in einem Jahre zusammengenommen 6 Wochen nicht überschreiten. Erfolgt aber die Einziehung zu einer militärischen Dienstleistung auf länger als 6 Wochen, so sollen von einer solchen Dienstleistung bis höchstens 8 Wochen in einem Jahre auf das Biennium in Anrechnung kommen.

§ 21.

Besondere Vorschriften für das praktische Biennium. Försterfunktionen ꝛc.

Während dieses praktischen Bienniums hat der Forstreferendar mindestens 6 Monate lang hintereinander und zwar in den Monaten Dezember bis Mai, bei einer und derselben Oberförsterei in einem bestimmt abgegrenzten Theile des Reviers, welcher ihm nach einer für den Zweck angemessenen Auswahl und Größe nach näherer Bestimmung des Forstmeisters durch den Oberförster zu überweisen ist, sämmtliche Geschäfte eines Försters, sowohl beim Forstschutze, als auch bei den Hauungen, dem Nummeriren und Aufmessen des Holzes, Aufstellung der Nummerbücher und Lohnzettel, bei dem Verkaufe und der Ueberweisung des Holzes, sowie bei den Kulturen und der Waldpflege selbst und allein unter eigener Verantwortlichkeit auszuführen. Während des vorgedachten Zeitraums von 6 Monaten ist die Beschäftigung als förmlicher Expeditionsgehülfe des Oberförsters nicht statthaft.

Ferner hat er wenigstens 5 Monate hintereinander in einem und demselben Reviere unter Kontrole und Verantwortung des Oberförsters die Verwaltung dergestalt zu führen, daß er zwar alle Funktionen des Oberförsterdienstes selbstständig, aber unter der Leitung des Oberförsters wahrnimmt und hierbei den Weisungen desselben, welcher die Verantwortung trägt, unbedingt zu folgen verbunden ist. Der Oberförster ist seinerseits verpflichtet, den Referendar in alle vorkommenden Dienstgeschäfte eintreten zu lassen, sofern er nicht auf Grund besonderer, vorliegender Verhältnisse nach pflichtmäßiger Erwägung, — z. B. in Personalsachen außergewöhnlicher Art, — eine Ausnahme machen zu müssen glaubt. Sämmtliche Dienstschriftstücke sind von dem Oberförster mitzuvollziehen, um damit nicht nur seine Kontrole, sondern auch seine Verantwortung zu konstatiren. In den 5 Monaten muß von dem Forstreferendar entweder die Natural- oder die Holzwerbungskosten- oder die Kulturgelder-Rechnung gelegt werden. Auch hat sich derselbe während dieser Zeit mit dem Kassenwesen vollkommen vertraut zu machen und dabei einigen Kassenrevisionen beizuwohnen. Die Zuziehung zu denselben hat er bei dem Forstmeister zu beantragen.

Zum Antritte dieser praktischen fünfmonatlichen Ausbildung in der Verwaltung eines Reviers hat der Forstreferendar durch Vermittelung des betreffenden Oberförsters rechtzeitig vorher die Genehmigung der Königlichen Regierung einzuholen. Hat die letztere Gründe, dieselbe zu versagen, so ist von ihr an den Ressortminister zu berichten.

Ist einem Forstreferendar bei einer Assistenz oder einer Vertretung eines Oberförsters die Verwaltung theilweise oder gänzlich selbstständig übertragen, so wird ihm die Dauer dieses Kommissorii auf die obigen 5 Monate angerechnet, und zwar dergestalt, daß bei fünfmonatlicher Dauer des Kommissorii das obige Erforderniß als erfüllt zu erachten ist, auch wenn die Legung einer der genannten Rechnungen nicht in jene Zeit gefallen ist. Bei einer kürzeren Dauer hat der Forstreferendar die noch fehlende Zeit auf demselben oder einem anderen Reviere nachzuholen und event. die Legung einer der Rechnungen auszuführen.

Im Weiteren sind von dem Forstreferendar wenigstens 4 Monate auf Betriebsregulirungsarbeiten unter Ausschluß der reinen Meß- und mechanischen Rechnungs-Arbeiten bei im Gange befindlichen Forsteinrichtungen und Abschätzungen, resp. Taxationsrevisionen zu verwenden. Dabei hat er sich über die gesammten Arbeiten genau zu orientiren, insbesondere aber sich an dem Entwurfe des Betriebsplanes, der Aufstellung der verschiedenen Nachweisungen 2c. und an den Abschlußarbeiten zu betheiligen. Er tritt während dieser Zeit ganz in das Verhältniß der bei den Betriebsregulirungen gegen Diäten kommissarisch beschäftigten Hülfsarbeiter, ohne jedoch Diäten zu erhalten. Ob ihm eine kommissarische Beschäftigung bei Betriebsregulirungen nach ihrer Art und Weise im Hinblick auf die vorstehenden Gesichtspunkte ganz oder theilweise auf die obigen 4 Monate angerechnet werden kann, darüber entscheidet der Taxationskommissar, und wo ein solcher nicht bestellt ist, der die Taxe leitende Forstmeister oder Ober-Forstmeister. Die Entscheidung ist dem Forstreferendar rechtzeitig schriftlich kund zu thun. Auch ist sie in die Aeußerung über denselben aufzunehmen (§ 26).

§ 22.

Im Uebrigen ist die Zeit des praktischen Bienniums fleißig zu benutzen, um mit der Bewirthschaftung aller in den Königlichen Forsten vorkommenden forstlich wichtigen Holzarten und mit den verschiedenen Betriebsarten sich genau bekannt zu machen, um die erforderliche Uebersicht über den gesammten Forsthaushalt zu gewinnen und Uebung in allen Geschäften des Forstbetriebes, sowohl im Walde als auch in den schriftlichen Arbeiten, namentlich im Rechnungswesen, durch fleißige und selbstthätige Theilnahme an allen Geschäften eines Oberförsters zu erlangen.

Besuch verschiedener Oberförstereien.

§ 23.

Während des Bienniums hat der Forstreferendar ein zu paginirendes Tagebuch zu führen. Darin ist zu verzeichnen, womit er sich an jedem Tage beschäftigt hat, welcher Bezirk nach Umfang, Lage, Standorts- und sonstigen forstlichen Verhältnissen ihm speziell zur Besorgung der Funktionen eines Försters überwiesen worden, welche Hauungen und Kulturen und Waldpflegearbeiten er nach Umfang und Art der Ausführung 2c. darin bewirkt hat, welche bemerkenswerthen Fälle beim Forstschutze ihm dabei vorgekommen sind, welche Wahrnehmungen und Erfahrungen er bei seiner Beschäftigung im Walde, sowie bei den schriftlichen Arbeiten im Büreau des Oberförsters, bei den Betriebsregulirungsarbeiten und bei seinen weiteren wissenschaftlichen Selbststudien gewonnen hat.

Tagebuch.

Dieses Tagebuch soll nicht theoretische, aus Büchern geschöpfte Abhandlungen enthalten, muß aber hinter dem Theile, in welchem chronologisch geordnet die Notizen über die Beschäftigung und die dabei gemachten Wahrnehmungen sich befinden, einen zweiten Theil mit einigen größeren zusammenhängenden Ausarbeitungen umfassen, welche sich auf spezielle Verhältnisse und Beobachtungen in den besuchten Revieren beziehen.

Das Tagebuch ist unaufgefordert am 1. jeden Monats und jedesmal beim Abgange aus einem Reviere dem Oberförster und bei jeder Anwesenheit eines höheren Forstbeamten auch diesem vorzulegen und von denselben jedesmal mit ihrem vidi oder etwaigen Bemerkungen zu versehen.

Bei Beendigung des Aufenthalts auf einem Reviere hat der Oberförster in dem Tagebuche zu bescheinigen, daß die darin enthaltenen Zeitangaben bezüglich seines Reviers richtig sind, und wie der Referendar sich in diesem Zeitraume in sittlicher Beziehung geführt hat.

§ 24.

Obliegenheiten der Oberförster 2c. zur Förderung der Ausbildung.

Es gehört zu den wichtigsten Pflichten der Oberförster und höheren Forstbeamten, die praktische Ausbildung der Forstreferendarien sachgemäß zu leiten.

Insbesondere haben die Oberförster sich eingehend mit den Forstreferendarien zu beschäftigen, ihnen zu selbstthätiger Theilnahme an allen Verwaltungsgeschäften, sowohl im Walde als auch im Büreau, Gelegenheit und Anleitung zu geben, die Arbeiten der Forstreferendarien zu revidiren, sie auf die dabei bemerkten Mängel aufmerksam zu machen und überhaupt auf alle Weise ihnen zur Förderung ihrer praktischen und wissenschaftlichen Ausbildung behülflich zu sein.

Auch über das Privatleben der Forstreferendarien ist eine sorgfältige Aufsicht zu führen und darauf zu halten, daß sie einen anständigen, sittlichen Lebenswandel führen.

Sollten in dieser Beziehung oder wegen Mangels an Fleiß, Pünktlichkeit, Zuverlässigkeit und Gehorsam im Dienste begründete Ausstellungen gegen einen Forstreferendar zu machen sein, und wiederholte Warnungen und Verweise nicht genügend beachtet werden, oder sollte sich entschiedene Unfähigkeit eines Forstreferendars für den Königlichen Forstverwaltungsdienst herausstellen, so ist der betreffende Oberförster verpflichtet, dem Forst= resp. Oberforstmeister dieserhalb zur weiteren Veranlassung event. Berichterstattung an den Ressort=Minister Anzeige zu machen.

§ 25.

Dienstentlassung.

Forstreferendarien, welche durch tadelhafte Führung zu der Belassung im Dienste sich unwürdig zeigen oder in ihrer Ausbildung nicht gehörig fortschreiten, oder für den Forstdienst körperlich unbrauchbar werden, können von dem Ressort=Minister ohne weiteres Verfahren, jederzeit aus dem Dienste entlassen werden.

§ 26.

Aeußerungen der Oberförster 2c. über Qualifikation der Forstreferendarien.

Ueber jeden Forstreferendar, welcher sich länger als 4 Wochen im Bereiche seiner Oberförsterei aufgehalten, hat der Oberförster genau nach dem beigefügten Formulare seine gewissenhafte und ausführliche Aeußerung in Beziehung auf Fleiß und Qualifikation 2c. des Referendars bei dem Abgange desselben vom seinem Reviere dem Forstmeister einzureichen. Dieser hat seine Bemerkungen über die von ihm bezüglich des Referendars gemachten Wahrnehmungen beizufügen, dabei rücksichtlich eines solchen, welcher die Försterfunktionen absolvirt hat, ausdrücklich zu erwähnen, welches Ergebniß die von ihm ausgeführte, spezielle Revision des dem Referendar überwiesenen Schutzbezirks hinsichtlich der Leistungen desselben in den Förstergeschäften ergeben hat, und dann die Aeußerung sofort an die Regierung abzugeben. Diese wird die Aeußerungen sammeln und, nachdem sie mit den zusätzlichen Bemerkungen des Ober=Forstmeisters versehen sind, ob er mit dem Urtheile einverstanden oder welcher abweichenden Ansicht er ist, an den Ressort=Minister in den 5 Tagen eines jeden Quartals zu den Personalakten des Referendars einsenden.

Der Oberförster hat die Aeußerung auch über diejenigen Referendarien aufzustellen, welche etwa nicht direkt unter ihm, sondern unter einem Kommissarius bei Vermessungs= oder anderen Arbeiten in seinem Reviere beschäftigt gewesen sind. In diesem Falle ist die Aeußerung vom Oberförster zunächst dem betreffenden Kommissarius zuzustellen, welcher sein Urtheil hinzuzufügen und sie dann an den betreffenden Forstmeister unverzüglich weiter zu befördern hat. Ueber die von dem Kommissarius, resp. dem Forstmeister oder Ober=Forstmeister zu treffende Entscheidung bezüglich der kommissarisch mit Betriebsregulirungsarbeiten beschäftigt gewesenen Referendarien wird auf § 21 verwiesen.

In gleicher Weise wie über die Försterzeit ist eine eingehende Aeußerung darüber von dem Oberförster abzugeben und von dem Forstmeister durch sein Einverständniß oder sein abweichendes Urtheil zu ergänzen, mit welchem Erfolge der Forstreferendar die Revierverwaltungsgeschäfte in den oben vorgeschriebenen 5 Monaten wahrgenommen, und welche Rechnungen er dabei gelegt hat. Der Forstmeister hat noch besonders anzugeben, an welchen Kassenrevisionen der Referendar betheiligt gewesen ist.

§ 27.

Nach Absolvirung des praktischen Bienniums und Erfüllung aller in Beziehung auf dasselbe vorgeschriebenen Bedingungen, und nachdem der Militairdienstpflicht genügt ist, kann der Forstreferendar bei dem Ressort-Minister sich zum forstlichen Staats-Examen melden.

Meldung zum forstlichen Staats-Examen.

Der Anspruch auf Zulassung zu demselben erlischt, wenn die Meldung nicht binnen 5 Jahren nach dem Bestehen des ersten forstlichen Examens erfolgt.

Der Meldung ist beizufügen:
1. ein eigenhändig geschriebener Lebenslauf,
2. das Schulzeugniß der Reife,
3. das Zeugniß über die praktische Vorbereitungszeit,
4. die Zeugnisse über Forstakademie- und Universitätsbesuch,
5. das Tagebuch
   und Seitens der nicht dem reitenden Feldjägerkorps oder einem Jägerbataillon angehörenden Kandidaten
6. ein Schriftstück, welches nachweist, daß der Examinand seiner Militairpflicht genügt hat.

§ 28.

Waltet gegen die Zulassung zum Staats-Examen kein Bedenken ob, so wird der Referendar der vom Ressort-Minister zu ernennenden Forst-Ober-Examinations-Kommission überwiesen, welche ihn notirt und die Prüfung abhält, sobald eine angemessene Zahl überwiesen ist. Ob dem Examinanden vorher noch eine schriftliche Probearbeit aufzugeben ist, bleibt der Beschlußnahme der Prüfungs-Kommission vorbehalten.

Forst-Ober-Examinations-Kommission.

§ 29.

Das Examen wird nach Maßgabe des vom Ressort-Minister festgestellten Reglements theils im Zimmer, hauptsächlich aber im Walde, mit überwiegender Richtung auf Erforschung der praktischen Brauchbarkeit des Examinanden für die Bewirthschaftung des Waldes und die forstliche Geschäftsverwaltung, abgehalten.

Zweck und Anforderungen des Examens.

Dasselbe erstreckt sich auf alle Theile der Forstwissenschaft und Forstwirthschaft in ihrem ganzen Umfange, auf das in Preußen und dem Deutschen Reiche geltende öffentliche Recht, insbesondere das Verfassungs- und Verwaltungs-Recht, auf die bei der Forstverwaltung gewöhnlich in Betracht kommende gesetzliche Materie des einheimischen Privatrechts, auf Nationalökonomie, Finanzwissenschaft, insbesondere Forstpolitik; auf die Organisation der Verwaltung, Ressortverhältnisse, Dienstkreise der Beamten, auf das Etats-, Kassen und speziell das Forstrechnungswesen, sowie überhaupt auf alle Gegenstände der forstlichen Geschäftsverwaltung, der Jagdkunde und Jagdadministration.

§ 30.

Hat der Referendar das Examen bestanden, so wird für ihn von der Prüfungs-Kommission ein Zeugniß ausgefertigt, auf Grund dessen er in die Liste der Anwärter zu den Oberförsterstellen eingetragen wird. Lautet das Zeugniß auf die genügende Qualifikation zur Verwaltung einer Oberförsterei, so erfolgt die Ernennung des Referendars durch den Ressort-Minister zum „Forstassessor". Ist die Qualifikation zur Verwaltung einer Oberförsterei aber nur unter dem Vorbehalte eines Probedienstes, event. auf einer Revierförsterstelle oder unter noch schärferen Einschränkungen zuerkannt, so findet die Ernennung zum Forstassessor nicht statt. — Die demnächstige Anstellung dieser Kategorie von Forstreferendarien auf Probe, beziehungsweise definitiv, sowie ihre Beschäftigung vor der Anstellung regelt sich nach den für die Forst-Assessoren geltenden Bestimmungen (§ 31) und haben sie sich allen für diese nachstehend gegebenen Vorschriften in gleicher Weise zu unterwerfen.

Zeugniß. Ernennung zum Forstassessor. Einreihung in die Anwärterliste.

Hat der Referendar das Examen nicht bestanden, so ertheilt die Prüfungs-Kommission ein Resolut, durch welches er auf eine nur einmal zulässige, gänzliche oder theilweise Wiederholung des Examens, die frühestens nach 6 und längstens nach 24 Monaten statthaft ist, verwiesen wird, unter Umständen aber auch von weiterer Verfolgung der Laufbahn ganz ausgeschlossen werden kann.

§ 31.

Beschäftigung und künftige Anstellung der Forstassessoren.

Ob und wann ein Forstassessor demnächst als Oberförster angestellt wird, bleibt wesentlich von seiner ferneren Dienstführung, von dem Fortschreiten seiner Ausbildung, von der Bethätigung eines lebendigen Interesses für den Wald und die Waldgeschäfte, von Tüchtigkeit und Auszeichnung durch Fleiß und befriedigende Leistungen abhängig.

Bis die Anstellung als Oberförster erfolgt, werden die Forstassessoren bei der Königlichen Forstverwaltung, soweit sich dazu Gelegenheit bietet, diätarisch beschäftigt. Sie sind verpflichtet, jeden forstlichen Auftrag, welcher von dem Ressort-Minister oder einer Regierung ihnen ertheilt wird, mit Fleiß und Sorgfalt pünktlich auszuführen.

Ein Anspruch auf dauernde, diätarische Beschäftigung steht den Forstassessoren jedoch nicht zu.

Die Uebernahme einer Beschäftigung im Kommunal-, Instituten- oder Privatforstdienste, von welcher dem Ressort-Minister Anzeige zu machen ist, schließt von der Anstellung im Königlichen Dienste an und für sich nicht aus.

Wenn aber ein Forstassessor nach Ablauf der Zeit, für welche ihm event. Seitens des Ressort-Ministers in Aussicht gestellt ist, daß seine Hülfeleistung für die Königliche Forstverwaltung nicht werde in Anspruch genommen werden, eine ihm bei der Königlichen Forstverwaltung angebotene, wenn auch nur vorübergehende, diätarische Beschäftigung ablehnt, so kann er nach der Entscheidung des Ressort-Ministers von der Anwärterliste gestrichen werden.

§ 32.

Dienstverhältniß.

Jeder Forstassessor ist verpflichtet, demjenigen Ober-Forstmeister und Forstmeister, in deren Bezirk er seinen Aufenthalt, sei es in einem Königlichen Forstreviere, oder in anderen Forsten, oder in einem sonstigen Verhältnisse, länger als 8 Wochen zu nehmen beabsichtigt, durch Vermittelung des Königlichen Oberförsters, in dessen Revier er sich aufhalten will, oder welcher seinem Aufenthaltsorte zunächst wohnt, schriftlich Anzeige zu machen. Eine gleiche Anzeige hat er bei Veränderung seines Aufenthaltsortes innerhalb eines Regierungsbezirks, oder beim Verlassen desselben dem Ober-Forstmeister und Forstmeister durch den betreffenden Königlichen Oberförster zu erstatten. Außerdem hat er von jeder Veränderung seines Aufenthaltsortes, welche nicht in Folge direkt an ihn ergehender Anweisung der Central-Forstbehörde eintritt, also auch von jeder Einberufung zum Militairdienste, dem Ressort-Minister sofort direkte Anzeige zu machen.

§ 33.

Die Bestimmungen der vorstehenden §§ 19, 25 und 26 finden auch auf Forstassessoren analoge Anwendung. Ueber die bei den Regierungen beschäftigten Forstassessoren sind die Aeußerungen (§ 26) vom Ober-Forstmeister aufzustellen und vom Präsidenten mit seinen zusätzlichen Bemerkungen dem Ressort-Minister einzureichen.

§ 34.

Reitende Feldjäger und Fußjäger.

Wer die Laufbahn für den Königlichen Forstverwaltungsdienst durch den Eintritt in das reitende Feldjägerkorps*) oder in ein Jäger-Bataillon**) zum Dienst auf Forstversorgung verfolgt, hat ebenfalls allen vorstehenden Bestimmungen mit den aus dem militairischen Dienstverhältnisse von selbst folgenden Maßgaben vollständig Genüge zu leisten.

---

*) Vergl. den Art. III.
**) Vergl. die Noten zu Art. IV. auf Seite 32.

§ 35.

Die Forstmeister werden aus den durch hervorragende, forsttechnische Leistungen und Geschäftsgewandheit sich auszeichnenden Oberförstern gewählt. *Beförderung zum Forstmeister.*

§ 36.

Die vorstehenden Bestimmungen finden auf alle diejenigen Anwendung, welche die Laufbahn für den Forstverwaltungsdienst im Jahre 1884 und später beginnen. Die Vorschriften über das forstakademische Studium von vier Semestern, über das Universitätsstudium und die Absolvirung des praktischen Biennii ꝛc. treten aber auch schon für diejenigen Aspiranten in Kraft, welche zu Ostern d. J. die Forstakademie bezogen haben, resp. dieselbe Ostern 1884 beziehen. Bezüglich der übrigen Aspiranten und ihrer Ausbildung verbleibt es bei den Bestimmungen vom 30. Juni 1874 und den dazu ergangenen abändernden Verfügungen.

Berlin, den 1. August 1883.

Der Minister für Landwirthschaft, Domänen und Forsten.

Lucius.

A.

Oberförsterei .... Jahr 18..........

Aeußerung

über den

Forst-Referendar (-Assessor) Carl August Ernst Schulze.

Geboren am: *18. Februar 18..* Confession: *Evangelisch.*
Militairverhältniß: *Lieutenant der Reserve im 3. Hess. Infant.-Rgmt. No. 83.*
Stand und Wohnort des Vaters: *Oberförster zu Hirschberg, verstorben. Mutter lebt zu Torgau.*
Wann und wie das erste forstliche Examen bestanden: *18.. mit Bedingung, 18.. genügend.*
Wann und wie das forstliche Staats=Examen bestanden: *18.. genügend.*
Hat sich während des laufenden Jahres im Bereiche hiesiger Oberförsterei aufgehalten:
    wo? *bei dem Oberförster (auf der Revierförsterstelle zu .... — In der Stadtforst Guben.)*
    wann? *vom 18. Januar bis 28. Mai, war dann zum Militairdienst eingezogen, und vom 15. August*
    bis 1. November. Ist dann nach der Oberförsterei X abgegangen.
Art der Beschäftigung: *Hierunter ist anzugeben, womit der Kandidat beschäftigt gewesen, event. mit welchem*
    Diätensatze oder Diensteinkommen; bei einem Forstreferendar, wenn er die Försterfunktionen
    während des Jahres wahrgenommen hat, für welche Fläche und während welcher Zeit solches
    geschehen ist, welche Hauungen, Culturen und Waldpflegearbeiten er dabei ausgeführt hat.
Gesundheitsbeschaffenheit: *Hat am Fieber gelitten; jetzt gesund, aber nicht sehr kräftiger Körper. Etwaige*
    Fehler bezüglich des Sprach-, Hör- oder Seh-Vermögens etc. sind anzugeben.
Familienverhältnisse: *Unverheirathet. (Verheirathet und 1 Sohn.)*
Vermögensverhältnisse: *Wohlhabende Eltern. (Dürftig.)*
Aeußerung über sittliches Verhalten, Fleiß und Qualifikation: *Hierunter ist eine ausführliche pflichtmässige*
    Aeusserung abzugeben über das sittliche Verhalten, über Fleiss, über das für den Wald und die
    Waldgeschäfte bethätigte Interesse, über Befähigung und Leistungen im Allgemeinen sowie nach
    deren vorwiegender Richtung, insbesondere über den Stand der praktischen Ausbildung und
    Brauchbarkeit.

    In Betreff eines Forstreferendars, welcher Försterfunktionen wahrgenommen hat, ist speziell
    anzuführen, wie er diese Geschäfte bei den Hauungen, Culturen und der Waldpflege, sowie beim
    Forstschutze besorgt hat, ob und welche Ausstellungen etwa bei Revision seines Schutzbezirks
    und seiner Bücher zu machen waren.

    Diese Aeusserung ist streng der Wahrheit gemäss, ohne Rückhalt, vollständig und ohne
    etwas zu verschweigen, was zu richtiger Beurtheilung des Kandidaten von Einfluss ist, mit
    strengster Unparteilichkeit abzufassen.

II.
Statuten
für die
Studirenden der Königlichen Forst-Akademien zu Eberswalde und Münden.

§ 1.
Die Aufnahme der Studirenden bei der Forst-Akademie geschieht, nachdem die Zulassung zum Besuche derselben in Gemäßheit des Regulativs für die Königlichen Forst-Akademien (Anlage a.) genehmigt und die Verpflichtung auf die Statuten der Anstalt erfolgt ist, durch eigenhändiges Einschreiben des Namens 2c. in das Album der Akademie.

§ 2.
Die Verpflichtung auf die Statuten erfolgt durch den Direktor, indem dieser dem Studirenden die Statuten einhändigt und letzterer sich mit einem Handschlage verpflichtet, dieselben treu und gewissenhaft zu beobachten.

§ 3.
Die Inscription begründet für die Studirenden das Recht bezw. die Pflicht, die Vorlesungen und Excursionen bei der Anstalt zu besuchen, und deren Lehrmittel, insbesondere auch die Bibliothek und die Sammlungen unter den dieserhalb maßgebenden Bedingungen (Anlage b.) zu benutzen.

§ 4.
Bei der Inscription erhält der Studirende eine Erkennungskarte. Er ist verpflichtet, diese Karte während seines Aufenthalts auf der Akademie stets bei sich zu tragen und, falls er von dem Direktor oder einem Lehrer der Akademie, von einem Polizeibeamten, bezw. dem Nachtwächter dazu aufgefordert wird, sie sofort unweigerlich an ihn abzugeben. Weigerung der Abgabe kann Entfernung von der Forst-Akademie zur Folge haben. Auch wird hier noch besonders auf § 113 des Strafgesetzbuchs für das deutsche Reich*) aufmerksam gemacht.

Wenn einem Studirenden die Erkennungskarte abgenommen ist, hat er dieselbe binnen 24 Stunden bei dem Direktor wieder in Empfang zu nehmen.

Im Falle die Erkennungskarte abhanden gekommen sein sollte, hat der Studirende unverzüglich die Aushändigung einer neuen Erkennungskarte beim Direktor nachzusuchen und für deren Ausfertigung Drei Mark zur Akademiekasse zu entrichten.

Beim Abgange von der Forst-Akademie ist die Erkennungskarte am Tage vor der Abreise an den Direktor abzuliefern.

---

*) § 113. Wer einem Beamten, welcher zur Vollstreckung von Gesetzen, von Befehlen und Anordnungen der Verwaltungsbehörden oder von Urtheilen und Verfügungen der Gerichte berufen ist, in der rechtmäßigen Ausübung seines Amts durch Gewalt oder durch Bedrohung mit Gewalt Widerstand leistet, oder wer einen solchen Beamten während der rechtmäßigen Ausübung seines Amts thätlich angreift, wird mit Gefängniß von vierzehn Tagen bis zu zwei Jahren bestraft. Sind mildernde Umstände vorhanden, so tritt Gefängnißstrafe bis zu einem Jahr oder Geldstrafe bis zu eintausend Mark ein.

Dieselben Strafvorschriften treten ein, wenn die Handlung gegen Personen, welche zur Unterstützung des Beamten zugezogen waren, oder gegen Mannschaften der bewaffneten Macht, oder gegen Mannschaften einer Gemeinde-, Schutz- oder Bürgerwehr in Ausübung des Dienstes begangen wird.

§ 5.

Das Belegen der Plätze in den Hörsälen, sowie im Zeichnensaale, erfolgt am ersten Tage jedes Semesters, zu der vom Direktor durch Anschlag bekannt gemachten Stunde, durch jeden einzelnen Studirenden in Person. Hierbei haben die anwesenden älteren Studirenden auf ihre seitherigen Plätze ein Vorzugsrecht. Im Uebrigen entscheidet bei mehreren Bewerbern für einen Platz die Reihenfolge der Inscription im akademischen Album, und tritt erforderlichen Falls endgültig die Entscheidung des Direktors, oder für einen nur von einem Lehrer benutzten Lehrraum, die dieses Lehrers ein.

§ 6.

Die Studirenden müssen pünktlich an dem zum Beginne des Semesters bestimmten Tage zur Theilnahme an dem Unterrichte sich einfinden und demselben bis zum Schlusse des Semesters beiwohnen.

§ 7.

Jeder Studirende meldet sich persönlich zu Anfang und am Schlusse jedes Semesters bei den Lehrern, deren Vorlesungen, Repetitorien, Demonstrationen und Excursionen er besuchen will bezw. besucht hat, unter Vorlegung des bei der Inscription erhaltenen Anmeldungsbogens, auf welchem der Lehrer den Tag der An= und Abmeldung unter Beifügung seiner Unterschrift einträgt.

Den Unterrichtsgegenständen hat der Studirende Pünktlichkeit und rege Theilnahme zuzuwenden. Er darf namentlich den Unterricht nicht ohne triftigen Grund versäumen. Sollte aber ein solcher ihn länger als 2 Tage von der Theilnahme am Unterrichte abhalten, so hat er dem Direktor davon Anzeige zu machen.

§ 8.

Die Studirenden sind den bestehenden allgemeinen Gesetzen, Verordnungen und polizeilichen Vorschriften, sowie den zur Ausführung derselben bestellten Behörden unterworfen. Gerichtliche oder polizeiliche Bestrafung schließt aber die Anwendung der außerdem für angemessen zu erachtenden disciplinarischen Maßregeln nicht aus.

§ 9.

In Hinsicht der inneren Disciplin, der Studien, des Fleißes und des sittlichen Lebenswandels stehen sie unter der Aufsicht des Direktors und haben dessen Anordnungen pünktlich Folge zu leisten.

§ 10.

Jeder Studirende ist verpflichtet, in allen Beziehungen sich so zu verhalten, wie es einem gebildeten und wohlgesitteten jungen Manne geziemt, und wie der Zweck des Besuches der Anstalt es erheischt. Insbesondere wird von den Studirenden Fleiß und strenge Sittlichkeit, Folgsamkeit und Achtung gegen den Direktor und die Lehrer, friedliches Betragen unter sich und ein den Forderungen des Anstandes und guter Sitte entsprechendes geselliges Verhalten gefordert.

§ 11.

Das gesetzlich verbotene Hazardspielen und überhaupt Kartenspielen mit so hohen Sätzen, daß sie zum Hazardiren führen, haben im ersten Falle Verwarnung durch den Direktor, im Wiederholungsfalle Wegweisung zur Folge.

§ 12.

Verbindungen, welche nach Zweck, Einrichtung oder Wirksamkeit mit dem Zwecke des Besuchs der Akademie nicht vereinbar sind, können vom Direktor aufgelöst und verboten werden.

Die Theilnahme an einer ausdrücklich verbotenen Verbindung wird mit Wegweisung bestraft. Im Uebrigen wird auf die allgemeinen gesetzlichen Vorschriften und auf die für die kommandirten Jäger und Feldjäger noch besonders ergangenen Ordres wegen des Verbots der Betheiligung an nicht erlaubten Vereinen oder Verbindungen, hingewiesen.

§ 13.

Die Anstifter und Beförderer etwaiger Verrufserklärung haben Wegweisung zu gewärtigen.

— 17 —

§ 14.

Wegen Duells, Ausforderung und Beihilfe dazu wird gegen die Betheiligten mit geeigneten Disciplinarmaßregeln, nach Befinden mit Wegweisung eingeschritten.

Im Uebrigen wird auf die §§ 201—210 des Strafgesetzbuchs*) verwiesen.

§ 15.

Oeffentliche Versammlungen und Aufzüge mit oder ohne Musik dürfen von Studirenden ohne besondere Erlaubniß des Direktors und der Ortspolizeibehörde nicht unternommen werden. Zuwiderhandlungen und überhaupt Handlungen, welche die Ruhe und Ordnung auf den Straßen, insbesondere während der Nachtzeit, stören, sowie andere zum öffentlichen Aergernisse gereichende Excesse der Studirenden, wohin auch der Besuch gemeiner Schank- und Tanzlokale und liederlicher Häuser oder verdächtiger Umgang mit liederlichen Dirnen gehört, haben nach Befinden Wegweisung von der Akademie zur Folge.

§ 16.

Studirenden, welche durch Schuldrückstände eine Beschwerde der Gläubiger bei dem Direktor herbeiführen, wird von diesem eine angemessene Frist bestimmt, innerhalb welcher sie die Tilgung der Schuld nachzuweisen haben.

Bei nicht genügend entschuldigter Versäumniß dieser Frist, oder erneutem muthwilligen Schuldenmachen, erfolgt Seitens des Direktors Bedrohung mit der Wegweisung, unter gleichzeitiger Benachrichtigung der Eltern oder Vormünder, und wenn auch dieses Mittel fruchtlos bleibt, wird die Wegweisung herbeigeführt.

§ 17.

Die selbstständige Ausübung der Jagd in den Lehrforsten ohne schriftliche Erlaubniß des Direktors, bezw. des betreffenden Revierverwalters, ist den Studirenden untersagt. Wird ein Erlaubnißschein ertheilt, so hat der Studirende diesen bei Ausübung der Jagd stets bei sich zu führen, ihn unaufgefordert jedem im Reviere ihm begegnenden Königlichen Forstbeamten vorzuzeigen und nach Ablauf der gestellten Frist dem Direktor zurückzugeben.

Bei den gemeinschaftlichen Jagden in den Lehrjagdrevieren haben sich die Studirenden den jagdlichen Anordnungen des leitenden Beamten unbedingt zu fügen. Anpachten von Jagden oder Theilnahme an Jagdpachtungen ist den Studirenden untersagt.

§ 18.

Schießübungen sind nur auf dem für die Studirenden bestimmten Schießstande mit der gehörigen Vorsicht und unter pünktlicher Beachtung der polizeilichen Vorschriften und der speciellen Anordnungen des Direktors auszuführen.

§ 19.

Das Rauchen in den Unterrichtsräumen und in den Sammlungsräumen ist untersagt. In die zur Akademie gehörenden Gebäude und Gärten dürfen Hunde nicht mitgebracht werden.

---

*) § 201. Die Herausforderung zum Zweikampf mit tödtlichen Waffen, sowie die Annahme einer solchen Herausforderung wird mit Festungshaft bis zu sechs Monaten bestraft.

§ 202. Festungshaft von zwei Monaten bis zu zwei Jahren tritt ein, wenn bei der Herausforderung die Absicht, daß einer von beiden Theilen das Leben verlieren soll, entweder ausgesprochen ist oder aus der gewählten Art des Zweikampfes erhellt.

§ 203. Diejenigen, welche den Auftrag zu einer Herausforderung übernehmen und ausrichten (Kartellträger), werden mit Festungshaft bis zu sechs Monaten bestraft.

§ 204. Die Strafe der Herausforderung und der Annahme derselben, sowie die Strafe der Kartellträger fällt weg, wenn die Parteien den Zweikampf vor dessen Beginn freiwillig aufgegeben haben.

§ 205. Der Zweikampf wird mit Festungshaft von drei Monaten bis zu fünf Jahren bestraft.

§ 206. Wer seinen Gegner im Zweikampf tödtet, wird mit Festungshaft nicht unter zwei Jahren, und wenn der Zweikampf ein solcher war, welcher den Tod des einen von Beiden herbeiführen sollte, mit Festungshaft nicht unter drei Jahren bestraft.

§ 207. Ist eine Tödtung oder Körperverletzung mittelst vorsätzlicher Uebertretung der vereinbarten oder hergebrachten Regeln des Zweikampfes bewirkt worden, so ist der Uebertreter, sofern nicht nach den vorhergehenden Bestimmungen eine härtere Strafe verwirkt ist, nach den allgemeinen Vorschriften über das Verbrechen der Tödtung oder der Körperverletzung zu bestrafen.

§ 208. Hat der Zweikampf ohne Sekundanten stattgefunden, so kann die verwirkte Strafe bis um die Hälfte, jedoch nicht über fünfzehn Jahre erhöht werden.

§ 209. Kartellträger, welche ernstlich bemüht gewesen sind, den Zweikampf zu verhindern, Sekundanten, sowie zum Zweikampf zugezogene Zeugen, Aerzte und Wundärzte sind straflos.

§ 210. Wer einen Andern zum Zweikampf mit einem Dritten absichtlich, insonderheit durch Bezeigung oder Androhung von Verachtung anreizt, wird, falls der Zweikampf stattgefunden hat, mit Gefängniß nicht unter drei Monaten bestraft.

§ 20.

Wenn ein Studirender den Statuten zuwiderhandelt, ist der Direktor so befugt als verpflichtet, die geeigneten Ermahnungen und Verwarnungen zu ertheilen, oder nach Bewandtniß des Falles ihm zu Protokoll die Wegweisung von der Akademie anzudrohen.

Sollten die Ermahnungen des Direktors ohne genügenden Erfolg bleiben, oder sollte ein Studirender erwiesenermaßen sich eines durch die Statuten mit Wegweisung bedrohten Vergehens schuldig gemacht haben, so hat der Direktor, nach Berathung mit den Lehrern, worüber eine schriftliche Verhandlung aufzunehmen ist, die Wegweisung oder eine andere, bestimmt zu bezeichnende Bestrafung, z. B. die Zurückweisung von der Prüfung auf eine bestimmte Zeit, bei dem Ressort-Minister zu beantragen.

In gleicher Weise ist zu verfahren, wenn der Direktor nach Anhörung des Lehrer-Kollegiums die Ueberzeugung hat, daß ein Studirender durch schlimmes Beispiel, insbesondere in Hinsicht auf Duelle, Sittenlosigkeit und Unfleiß, einen verderblichen Einfluß auf seine Kommilitonen und den unter den Studirenden herrschenden Geist ausübt.

Dem Strafantrage ist die Aeußerung des Lehrer-Kollegiums beizufügen.

§ 21.

Die vom Ressort-Minister verfügte Wegweisung eines Studierenden wird nöthigenfalls im Zwangswege ausgeführt. Wer von einer Forstakademie weggewiesen wird, ist dadurch zugleich von Aufnahme auf der anderen und von weiterer Verfolgung der Laufbahn für den Königlichen Forstdienst ausgeschlossen.

Berlin, den 24. Januar 1884.

Der Minister für Landwirthschaft, Domänen und Forsten.

Lucius.

Anlage a.

Regulativ

für die

Königlichen Forst-Akademien zu Eberswalde und Münden.

§ 1. [Zweck der Anstalten.] Die Forst-Akademien haben den Zweck, Unterricht in der Forstwissenschaft, sowie in deren grundlegenden und Neben-Fächern zu ertheilen, insbesondere eine umfassende theoretische und praktische Vorbildung für den Dienst in der Staats-Forstverwaltung zu gewähren und die Fortbildung der Forstwissenschaft zu fördern.

§ 2. [Ressortverhältniß.] Die Forst-Akademien sind dem Minister für Landwirthschaft, Domänen und Forsten untergeordnet, auf dessen Vorschlag der Direktor jeder Akademie vom Könige ernannt wird.

§ 3. [Kurator.] Der Minister bedient sich zur oberen Leitung und Beaufsichtigung der Forst-Akademien des Ober-Landforstmeisters als Kurators derselben.

Zu den Pflichten des Kurators gehört es, durch örtliche Untersuchungen sich über den Zustand und gedeihlichen Fortgang der Lehranstalt, über die zweckmäßige Richtung des theoretischen und praktischen Unterrichts, über Beschaffenheit und nothwendige Ergänzung der Lehrmittel, sowie über Aufrechterhaltung guter Disciplin unter den Studirenden zu vergewissern, wo in irgend einer Beziehung Mängel oder Zweckwidrigkeiten bemerkbar werden, den Direktor und die übrigen Lehrer hierauf aufmerksam zu machen und nach Befinden dem Minister Bericht zu erstatten. Alle Berichte des Direktors an den Minister sind durch den Kurator zu befördern, welcher demselben, wenn dazu Veranlassung ist, sein Gutachten beizufügen hat.

§ 4. [Lehrer-Personal.] Das Lehrer-Personal besteht bei jeder Akademie aus:
1. Dem Direktor, welcher zugleich Lehrer der Forstwissenschaft ist,
2. den erforderlichen anderen Lehrern für Forstwissenschaft mit Einschluß der Forstpolitik und den Lehrern für Mathematik, Naturwissenschaften und Rechtskunde.

Die Zulassung als Privatdocent bei einer Forst-Akademie ist mit Genehmigung des Ministers statthaft.

§ 5. [Obliegenheiten des Direktors.] Dem Direktor liegt außer der allgemeinen Leitung der Akademie im Besonderen ob:
1. Ertheilung der Erlaubniß zum Besuche der Akademie nach Maßgabe der Vorschriften in §§ 10 und folgenden,
2. Ueberwachung des planmäßigen Ganges des Unterrichts,
3. Kontrole über die Sammlungen und sonstigen Lehrmittel, für welche jedoch zunächst die betheiligten Docenten verantwortlich sind, so wie über die Instandhaltung der Lokale und des Inventariums,
4. Aufsicht über die Fonds der Akademie und Kuratel über die Akademie-Kasse,
5. Anschaffung der nöthigen Utensilien, Mobilien und Lehrmittel, und Vollziehung der Zahlungs- und Erhebungs-Anweisungen an die Kasse, innerhalb der Grenzen des Etats,
6. Prüfung, Bescheinigung und Einreichung der Jahresrechnungen,
7. Erstattung von Semesterberichten über den Besuch der Akademie, event. auch eines Jahresberichts über Gesammt-Verhältnisse derselben,
8. Verwaltung der als Lehrmittel dienenden botanischen und forstökonomischen Gärten und Versuchsfelder, rücksichtlich der botanischen Gärten im Einverständnisse mit dem Professor der Botanik, welchem die Leitung der letzteren obliegt,
9. die Leitung der Verwaltung der als Lehrmittel dienenden Oberförstereien nach Maßgabe des darüber ertheilten besonderen Regulativs,
10. Aufrechterhaltung der Disciplin unter den Studirenden.
11. Berufung der Lehrer zu Berathungen über den Lehrplan, über wichtigere Disciplinarfälle und andere die Akademie betreffenden Verhältnisse, so oft solches erforderlich ist,

12. Leitung etwaiger Prüfungen nach Maßgabe des § 16,
13. Abhaltung von Vorträgen und praktischen Demonstrationen in der Forstwissenschaft.

§ 6. [Lehr-Gegenstände.] Der Unterricht umfaßt, nach einem für beide Akademien möglichst gleichen Lehrplane, alle Zweige der gesammten Forstwissenschaft, und wird durch praktische Anleitung und gründliche Erläuterungen in den Lehrforsten und anderen benachbarten Forsten, sowie durch Repetitorien, Exkursionen in die Lehrforsten und durch forstliche Reisen, wozu in der Regel abwechselnd in einem Jahre bei der einen, im anderen Jahre bei der anderen Akademie ein Theil der Herbstferien benutzt wird, unterstützt.

Die innerhalb des auf 2 Jahre berechneten Lehrkursus vorzutragenden Lehrgegenstände umfassen:

A. Grundlegende Fächer.

1. Physik, Meteorologie und Mechanik.
2. Chemie.
3. Mineralogie, Geologie.
4. Botanik:
    a) Allgemeine Botanik, Anatomie, Physiologie und Pathologie der Pflanzen.
    b) Systematische Botanik mit besonderer Berücksichtigung der Forstpflanzen.
5. Zoologie:
    a) Allgemeine Zoologie,
    b) Spezielle Zoologie (wirbellose Thiere, Wirbelthiere) mit besonderer Rücksicht auf die für Forstwirthschaft und Jagd wichtigen Thiere, namentlich auf die Forstinsekten.
6. Mathematik:
    a) Repetitorien und Uebungen in der Arithmetik, Planimetrie, Stereometrie, ebenen und sphärischen Trigonometrie,
    b) Grundzüge der analytischen Geometrie einschließlich der Lehre von den Linear- und Polar-Coordinaten,
    c) Geodäsie und zwar: Landmeßkunde, Nivelliren und barometrische Höhenmessung, Traciren, Instrumentenkunde, Planzeichnen.

B. Hauptfächer.

1. Geschichte und Literatur des Forstwesens.
2. Forstliche Standortslehre.
3. Holzzucht.
4. Forstschutz.
5. Forstbenutzung. Forsttechnologie.
6. Forstertragsregelung. Holzmeßkunde. Forstvermessungs-Instruktion in Preußen.
7. Waldwerthberechnung und forstliche Statik.
8. Forststatistik.
9. Forstpolitik und Forstverwaltungslehre.
10. Ablösung der Waldservituten mit Rücksicht auf Preußisches Recht.

C. Nebenfächer.

1. Rechtskunde. Civilrecht. Strafrecht. Civil- und Strafprozeß.
2. Waldwegebau.
3. Jagdkunde.
4. Fischzucht.

Der Unterricht in den Grund- und Nebenwissenschaften ist mit spezieller Beziehung auf die Forstwirthschaft zu halten und nicht weiter auszudehnen, wie es nothwendig ist, um die zu einer rationellen Bewirthschaftung der Forsten erforderliche wissenschaftliche Grundlage zu erlangen. Es ist in dieser Beziehung zur Richtschnur zu nehmen, was in den Bestimmungen über Ausbildung und Prüfung für den Königlichen Forstverwaltungsdienst vom 1. August 1883 (§ 13.) über die in der ersten forstlichen Prüfung zu stellenden Anforderungen vorgeschrieben ist.

§ 7. [Lehrmittel.] Zu den Lehrmitteln bei Verfolgung dieses Zweckes dienen:
1. die unter der oberen Leitung des Direktors verwalteten Königlichen Oberförstereien (Eberswalde, Biesenthal, Chorin und Freienwalde bei Eberswalde, Gahrenberg und Cattenbühl bei Münden),

2. die Samendarre bei Eberswalde,
3. die Fischzucht-Anstalten bei Eberswalde und Münden,
4. die botanischen und forstökonomischen Gärten,
5. die chemischen Laboratorien,
6. die naturwissenschaftlichen Sammlungen,
7. die geodätischen Sammlungen,
8. die forst- und jagdtechnischen Sammlungen,
9. die Bibliothek.

§ 8. [Lehr-Plan.] Alljährlich mit dem Sommer-Semester beginnt ein neuer 2 jähriger Lehrkursus. Die zweckmäßigste Folge der Vorträge bietet sich deshalb denjenigen, welche zu Ostern die Akademien beziehen.

Der spezielle Unterrichtsplan wird für jedes Semester vom Direktor im Einvernehmen mit den Lehrern entworfen, dem Minister 8 Wochen vor Beginn des Semesters eingereicht und nach erfolgter Genehmigung durch die öffentlichen Blätter vom Direktor bekannt gemacht.

§ 9. [Lehr-Zeit.] Das Sommer-Semester beginnt am Montag nach der Osterwoche und endet am 20. August. Das Winter-Semester beginnt am 15. Oktober und endet 14 Tage vor Ostern. Ferien finden im Laufe eines Semesters nicht statt und Aussetzungen der Vorlesungen nur an den Sonn- und Feiertagen und in der Zeit vom Freitag vor bis Donnerstag nach Pfingsten, sowie vom 22. Dezember bis 3. Januar.

§ 10. [Anmeldung.] Die Anmeldungen zur ersten Aufnahme auf einer der Akademien sind mit den erforderlichen Zeugnissen (§ 11) schriftlich bis zum 15. März resp. 15. August bei dem Direktor einzureichen, welcher über deren Annahme oder Ablehnung entscheidet.

Die Meldungen zum Uebergange von einer Akademie zur anderen sind bis 15. März resp. 15. August bei dem Direktor der zu besuchenden Akademie anzubringen.

Verspätete, jedoch nicht über den Beginn der Vorlesungen hinaus verzögerte Meldungen können nach Befinden von dem Direktor angenommen oder zurückgewiesen werden.

§ 11. [Bedingungen der Aufnahme.] Die Aufnahme darf nur erfolgen, wenn der Angemeldete
1. das Zeugniß der Reife als Abiturient von einem Gymnasium des Deutschen Reiches oder von einem Preußischen Realgymnasium erlangt und in diesem Zeugnisse eine unbedingt genügende Censur in der Mathematik erhalten hat,
2. vor Ablauf des 25. Lebensjahres das forstakademische Studium beginnt, resp. begonnen hat.
3. das Zeugniß über die praktische Vorbereitungszeit oder bei der Meldung eine desfallsige vorläufige Bescheinigung beibringt,
4. über tadellose sittliche Führung sich ausweist,
5. den Nachweis der zum Aufenthalt auf der Akademie erforderlichen Subsistenzmittel führt.
   Außerdem sind den Meldungen
6. die Zeugnisse über etwa schon absolvirte Universitäts- oder sonstige Studien, über etwaigen Aufenthalt in Forsten außer der praktischen Vorbereitungszeit, sowie über die Militair-Verhältnisse beizufügen.

Für die aus dem reitenden Feldjägerkorps zum Besuche der Anstalt kommandirten Feldjäger bedarf es nur der Beibringung des sub 3 bezeichneten Zeugnisses und der Vorlegung der Zeugnisse sub 1 und 6 (jedoch mit Ausschluß der Militair-Papiere) zur Einsicht des Direktors.

Studirende, welche den Eintritt in den Preußischen Staatsforstdienst nicht beabsichtigen, können auch ohne Erfüllung der Bedingungen 1 bis 3 aufgenommen werden, wenn sie anderweitig eine genügende Vorbildung nachweisen.

§ 12. [Dauer des Besuchs.] Ein längerer als 2 jähriger Besuch der Akademie ist nur ausnahmsweise statthaft.

Der Direktor ist befugt, Forst-Beflissenen und Forst-Referendarien, welche den 2 jährigen Kursus auf einer Preußischen Forst-Akademie bereits absolvirt haben, die Theilnahme an den Exkursionen und die Benutzung der Lehrmittel unentgeltlich zu gestatten, soweit solches ohne Störung für den Lehrzweck thunlich ist und so lange die Betheiligten die in dieser Beziehung vom Direktor ertheilten Bestimmungen pünktlich befolgen. Wünschen solche Forst-Beflissene oder Forst-Referendare auch noch einzelne Vorlesungen oder

Repetitorien als Hospitanten zu besuchen, so kann der Direktor auch solches, wenn kein Bedenken obwaltet, gestatten, jedoch nur gegen ein zur Akademiekasse vorher zu zahlendes Honorar von 10 Mark für jede Vorlesung oder jedes Repetitorium, welche der Hospitant zu besuchen wünscht.

Wer sonst als Hospitant vom Direktor zugelassen wird, hat außer jenem Honorare eine Inscriptionsgebühr von 10 Mark zur Akademiekasse zu entrichten, wofür ihm auch die Theilnahme an den Exkursionen und die Benutzung der Lehrmittel gestattet ist.

§ 13. [Inscriptions-Gebühr und Honorar.] Wer als Studirender aufgenommen wird, hat an Inscriptionsgebühren bei der ersten Aufnahme auf einer der beiden Akademien fünfzehn Mark zu zahlen. Außerdem sind an Honorar für jedes Semester fünf und siebenzig Mark pränumerando an die Akademiekasse zu entrichten. Beim Uebergange von einer Akademie zur anderen ist eine Inscriptionsgebühr nicht zu erlegen.

Die innerhalb der etatsmäßigen Zahl zur Theilnahme am Unterricht kommandirten Mitglieder des reitenden Feldjägerkorps und der Jägerbataillone, sowie die im Genusse des von Ladenbergschen Stipendiums sich befindenden Studirenden, sind von vorgedachten Zahlungen befreit.

Sonstige Befreiungen oder Erleichterungen können ausnahmsweise vom Ressort-Minister bewilligt werden, wenn außergewöhnliche Verhältnisse solches begründen.

§ 14. [Disziplin.] In Hinsicht der inneren Disziplin, der Studien, des Fleißes und des sittlichen Lebenswandels stehen sämmtliche inscribirte Studirende, einschließlich der Hospitanten, unter der Aufsicht des Direktors. Wer die Akademie besucht, ist verpflichtet, die Statuten, welche ihm bei der Inscription eingehändigt werden, gewissenhaft zu beobachten.

§ 15. Bei Entlassungen, welche auf Grund der Statuten erfolgen, oder bei etwaigen Ausweisungen durch die Polizeibehörde, wird von dem bezahlten Honorar und Inscriptionsgelde nichts zurückerstattet. Dies findet auch dann Anwendung, wenn die Entlassung auf eigenen Antrag erfolgt oder irgend ein Hinderniß, den Unterricht ferner zu benutzen, eintritt.

§ 16. [Abgangs-Zeugnisse.] Jeder abgehende Studirende erhält, wenn er es verlangt, ein vom Direktor auf Grund des Anmeldungsbogens auszustellendes Abgangszeugniß, in welchem über die Zeit des Besuches der Akademie, die gehörten Vorlesungen &c. und über das Verhalten des Abgehenden Aeußerung abzugeben ist. Unterbrechungen und Unregelmäßigkeiten in der Theilnahme am Unterricht können, sofern sie von längerer Dauer und nicht genügend entschuldigt sind, in dem Abgangs-Zeugnisse bemerkt werden.

Ueber die regelmäßige Theilnahme an dem geodätischen Unterrichte, an den praktischen Uebungen im Feldmessen und Nivelliren, sowie an dem Unterrichte im Planzeichnen ist Behufs Meldung zu der ersten Prüfung für den Preußischen Staatsforstdienst ein besonderes Zeugniß auszustellen (§ 11 Nr. 5 der Bestimmungen vom 1. August 1883).

Das Abgangszeugniß wird unentgeltlich ausgestellt.

Wünscht der Abgehende sich einer besonderen Prüfung zu unterwerfen, so ist eine solche, jedoch nur am Schlusse eines Semesters, vom Direktor und mindestens vier von diesem zur Prüfung zu berufenden Lehrern der Akademie schriftlich und mündlich abzuhalten, und in dem Abgangszeugnisse, welches solchen Falles von sämmtlichen betheiligten Lehrern mit zu vollziehen ist, das Ergebniß der Prüfung in den einzelnen Disziplinen speciell zu vermerken.

Für eine solche Prüfung hat der Abgehende vor Beginn derselben zur Akademie-Kasse eine Gebühr von 40 Mark zu entrichten.

§ 17. Die Bestimmungen dieses Regulativs treten sofort, an Stelle des Regulativs vom 5. April 1875, in Kraft.

Berlin, den 24. Januar 1884.

Der Minister für Landwirthschaft, Domänen und Forsten.

Lucius.

Anlage b.

Regulativ
zur
Benutzung der Lehrmittel der Königlichen Forst-Akademie durch die Studirenden derselben.

§ 1. Die Lehrmittel der Forst-Akademie, welche von den Studirenden zum Selbststudium benutzt werden können, sind:
1. die botanischen und forstökonomischen Gärten,
2. die naturwissenschaftlichen Sammlungen, nämlich
   a) Sammlungen chemischer Präparate,
   b) Sammlung physikalischer Apparate,
   c) mineralogische, geognostische und Boden-Sammlungen,
   d) botanische Sammlungen. (Herbarium. Holzsammlung. Samensammlung. Anatomische und pathologische Sammlungs-Apparate [Mikroskop 2c.]),
   e) zoologische Sammlungen. (Systematische Thiersammlung. Biologische und anatomische Sammlung.)

   Die Sammlungen ad 2 c, d, e zerfallen in wissenschaftliche und Handsammlungen;
3. die geodätischen Sammlungen. (Instrumenten- und Karten-Sammlungen),
4. die forst- und jagdtechnischen Sammlungen. (Geräthe. Modelle. Erzeugnisse),
5. die Bibliothek.

§ 2. Die Benutzung der botanischen und forstökonomischen Gärten ist den Stu- *Forstlehrgärten.* direnden unter der Bedingung gestattet, daß
1. keine Hunde, weder frei noch an der Leine, in die Gärten gebracht,
2. die Beete nicht betreten,
3. ohne besondere Erlaubniß der Lehrer Pflanzen weder ganz noch theilweise z. B. durch Ausziehen, Abschneiden, Brechen u. s. w. entnommen werden.

§ 3. Die Besichtigung der Sammlung chemischer Präparate ist nur gegen be- *Naturwissenschaftliche Sammlungen.* sondere Erlaubniß des betreffenden Professors gestattet.

Dasselbe gilt bezüglich der Sammlung physikalischer Apparate.

Bezüglich der übrigen naturwissenschaftlichen Sammlungen (§ 1 c bis e) gelten folgende Bestimmungen:

Der Zutritt zu den Sammlungsräumen behufs Besichtigung der unter Glas und Rahmen befindlichen Gegenstände ist den Studirenden bei Tage unter der Bedingung gestattet, daß die Schlüssel zu den Sammlungsräumen nach den von den betreffenden Professoren zu ertheilenden Bestimmungen vor dem Gebrauche entnommen und unmittelbar nach dem Gebrauche wieder abgeliefert werden.

Jede weitergehende Benutzung der Sammlungen, welche ein Oeffnen der Schränke, Schiebladen und Kästen erfordert, darf nur auf besondere Erlaubniß des betreffenden Professors erfolgen.

Die Benutzung der Handsammlungen steht den Studirenden nach den von den betreffenden Professoren zu ertheilenden Bestimmungen zur Verfügung.

§ 4. Die zum Auftragen und Zeichnen erforderlichen Instrumente und sonstigen *Geodätische Sammlungen.* Gegenstände (Transporteure, Maßstäbe, Schablonen, Vorlegeblätter u. s. w.), können von dem betreffenden Professor den Studirenden zum leihweisen Gebrauche auf bestimmte Zeit, unter der Haftung für unbeschädigte Rücklieferung, verabfolgt werden. Die Kontrole der Rückgabe ist Sache des Professors.

Im Uebrigen erfordert die Benutzung der Sammlung geobätischer Instrumente die besondere Erlaubniß des betreffenden Professors.

Forst- und jagdtechnische Sammlungen.

§ 5. Die Benutzung der forst- und jagdtechnischen Sammlungen geschieht auf besondere Erlaubniß des betreffenden Lehrers. Ausnahmsweise kann von diesem mit Zustimmung des Direktors einem Studirenden auch die Erlaubniß zur leihweisen Entnahme einzelner Gegenstände auf bestimmte Zeit, unter Haftung unbeschädigter Rückgabe, welche der dafür verantwortliche Lehrer kontrolirt, ertheilt werden.

Bibliothek.

§ 6. Um die Benutzung der Bibliothek zu erleichtern, liegt ein Katalog der im Besitz der Forst-Akademie befindlichen Bücher und Karten im Lesezimmer aus, und kann daselbst von Morgens bis Abends 8 Uhr, wo das Lesezimmer der Benutzung geöffnet ist, eingesehen werden.

§ 7. Die Benutzung der zur Bibliothek gehörigen Bücher und Karten erfolgt entweder nur im Lesezimmer, rücksichtlich der daselbst ausgelegten Gegenstände, oder durch Entleihung von Büchern und Karten etc. zum zeitweisen häuslichen Gebrauche des Leihenden.

§ 8. **Die im Lesezimmer ausgelegten Bücher und Karten dürfen durchaus weder nach Hause noch in ein anderes Zimmer mitgenommen werden.**

Die Titel der ausliegenden Gegenstände sind aus einer im Lesezimmer befindlichen Liste zu ersehen.

§ 9. Die zum zeitweisen häuslichen Gebrauche gewünschten Bücher und Karten erhält der Studirende leihweise von dem Bibliothekar der Anstalt gegen Abgabe einer Quittung längstens auf vier Wochen, nach deren Ablauf Bücher und Karten ohne besondere Aufforderung zurückzugeben sind, oder eine Verlängerung der Frist nachzusuchen ist. Diese kann nur gewährt werden, wenn die Gegenstände inzwischen nicht von Anderen verlangt worden sind.

Erfolgt die Rückgabe innerhalb der bestimmten Leihfrist nicht, so wird vom Bibliothekar durch einen Mahnzettel erinnert, für dessen Ueberbringung der Studirende 20 Pfennige für jedes zurückgeforderte Stück zu zahlen hat. Ist die Rückgabe binnen 8 Tagen nach der Mahnung nicht erfolgt, so hat der Studirende binnen weiteren 8 Tagen den Ladenpreis oder den vom Direktor zu bestimmenden Preis des Buches etc. zu erstatten.

§ 10. Auf ein zurückzulieferndes Buch oder Karte hat derjenige den nächsten Anspruch, welcher sich für dasselbe zuerst gemeldet und ausdrücklich seine Notirung dafür beantragt hat.

§ 11. Kupferwerke, geologische, geographische und physikalische Karten dürfen an die Studirenden nur auf besondere Erlaubniß des Direktors ausgeliehen werden.

In der Bibliothek ist den Studirenden die eigenhändige Herausnahme von Büchern aus den Repositorien unbedingt untersagt.

§ 12. Die für die Ausgabe und Zurücknahme der Bücher, Karten etc. bestimmten Zeiten werden für jedes Semester besonders angezeigt.

§ 13. Wenn einer der Studirenden ohne Erlaubniß ausgelegte Bücher oder Karten entnimmt, oder sonst die Vorschriften, unter denen die Bücher und Karten nur benutzt werden können nicht beachtet, so hat der Direktor das Recht, ihn von der Benutzung der Bücher- etc. Sammlung auszuschließen.

§ 14. Das Weiterverleihen entliehener Gegenstände Seitens des Entnehmers ist durchaus unstatthaft.

§ 15. Sämmtliche entliehene Gegenstände sind auch vor Ablauf der Leihfrist (§ 9) zurückzugeben:
 a) wenn die Rückgabe vom Direktor ausdrücklich angeordnet wird,
 b) wenn dieselben zum Auslegen im Lesezimmer von einem Lehrer bestimmt werden oder ein Lehrer sie zum Unterrichte bedarf,
 c) wenn eine Revision der Bibliothek oder der betreffenden Sammlung bevorsteht, was in der Regel acht Tage vorher bekannt gemacht werden wird,
 d) spätestens acht Tage vor Beginn der Oster- und der Michaelis-Ferien.

Allgemeine Bestimmungen.

§ 16. Sämmtliche Sammlungen sind während der Oster- und Herbstferien geschlossen.

Ausnahmsweise ist auch während der Ferien der Zutritt zu den Sammlungen auf besondere Erlaubniß des betreffenden Professors oder in dessen Abwesenheit im Beisein eines Mitgliedes des Lehrerkollegiums gestattet.

Die leihweise Entnahme von Sammlungs-Gegenständen darf während der Ferien ausnahmsweise nur unter Zustimmung des betreffenden Professors und des Direktors stattfinden.

Die spezielle Verantwortlichkeit für die ordnungsmäßige Benutzung der Sammlungen liegt den betreffenden Lehrern ob.

Alle sonstigen Spezialvorschriften, z. B. das Schließen der Fenster, Herablassen der Rouleaux, das Verbot des Rauchens u. s. w., welche bei dem Aufenthalte in den Sammlungs-Sälen unter Benutzung der Sammlungen zu beachten sind, werden durch Aushang in den Sammlungsräumen veröffentlicht.

Jede Beschädigung des Mobiliars, der Sammlungs-Gegenstände und Apparate begründet die Verpflichtung zur Anzeige bei dem betreffenden Professor und zum Schadenersatze.

III.

Dienst-Instruction
für das
Königliche Reitende Feldjäger-Corps.
Vom 1. August 1874.

(Auszüglich und durch die inzwischen ergangenen neueren Bestimmungen hinsichtlich der Ressortverhältnisse der Forstverwaltung und über Ausbildung und Prüfung für den Königlichen Forstverwaltungsdienst, im Texte entsprechend abgeändert.)

A. Von der Aufnahme in das Reitende Feldjäger-Corps.

§ 1. Das Reitende Feldjäger-Corps rekrutirt sich aus Aspiranten für den preußischen Forstverwaltungsdienst. Die Bedingungen zur Aufnahme in das Reitende Feldjäger-Corps sind in der Anlage a*) enthalten.

§ 2. Wenn sämmtliche eingereichten Papiere als genügend und vollständig erachtet worden sind, auch keine sonstigen Gründe gegen die Annahme des Aspiranten sprechen, erfolgt von Seiten des Corps die Benachrichtigung der Notirung unter dem Vermerk, daß Aspirant seiner Zeit zum Feldjäger-Examen werde vorgeladen werden. Derselbe hat sodann von jeder Veränderung seines Aufenthaltsortes Meldung an das Commando zu erstatten.

Nach erfolgter Vorladung zur Prüfung hat er sich dem Chef des Corps, sowie dem Commandeur und den Oberjägern persönlich vorzustellen.

§ 3. Die Prüfung, welche nach Maßgabe der bereits angezogenen, sub Anhang a. beigefügten Bestimmungen erfolgt, und welche einen etwa achttägigen Aufenthalt in Berlin erforderlich macht, wird unter dem Präsidium des Commandeurs von einer aus Professoren der Examinations-Branchen und den 3 Oberjägern resp. ältesten Feldjägern bestehenden Commission abgehalten. Die Fertigkeit im Reiten wird in besonderer Prüfung gewöhnlich vor einem Rittmeister eines Cavallerie-Regimentes in Gegenwart der Ober- resp. Feldjäger dargethan.

Der Bescheid über das Bestehen oder Nichtbestehen des Examens erfolgt binnen 4 Wochen nach Beendigung desselben. Eine Wiederholung kann auf jeden Fall nur noch einmal ganz oder theilweise stattfinden.

Die Corps-Ancienneität (in der Stammrolle verzeichnet) wird ebenfalls sofort festgestellt, dabei jedoch neben dem Examen-Prädicat auch auf die mehr oder minder vorgeschrittene, forstliche und militairische Ausbildung gerücksichtigt.

§ 4. Die Einstellung in das Reitende Feldjäger-Corps erfolgt nach bestandener Prüfung auf dem vorgeschriebenen Instanzenwege, sobald die militairische Ausbildung des Aspiranten dieselbe gestattet. Der neu eingestellte Feldjäger wird auf den Feldjäger-Eid verpflichtet und der Regel nach zunächst zum Verfolg der forstlichen Carriere beurlaubt resp. abcommandirt.

Während der 6 bis 8 Jahre dauernden forstlichen Ausbildung muß der Feldjäger seinen Unterhalt aus eigenen Mitteln bestreiten. Ein Anspruch auf Königliches Gehalt steht ihm bis zu bestandenem Staatsexamen in der Regel nur für die Dauer seines Commandos zur Forst-Akademie zu.

B. Von der forstlichen Ausbildung.

§ 5. Die Ausbildung zum Forstverwaltungsdienst findet nach Maßgabe der erlassenen resp. noch zu gewärtigenden ministeriellen Bestimmungen statt, unter steter Ueberwachung und Leitung von Seiten des Commandos.

---
*) Im November 1881 neu redigirt.

§ 6. Vor seinem Abgange von Berlin hat der neu aufgenommene Feldjäger seinen künftigen Aufenthaltsort dem Commandeur des Corps zu melden und um Genehmigung für die Wahl desselben zu bitten. Das Gleiche hat er rechtzeitig vor jeder ferneren Veränderung seines Wohnortes zu thun, und hierbei den Zweck derselben anzugeben. Erhält er ausnahmsweise Seitens des Königlichen Ministeriums für Landwirthschaft, Domänen und Forsten directe Anweisung zur Uebernahme einer forstlichen Beschäftigung, so hat er ohne Weiteres dieser Anweisung Folge zu leisten und hierüber dem Commandeur sofort Meldung zu erstatten.

Etwaige Behinderungsgründe sind sowohl dem Letzteren, wie dem Königlichen Ministerium für Landwirthschaft ꝛc. umgehend anzuzeigen. Sobald das Tentamen absolvirt ist, muß von jeder Veränderung des Aufenthaltes auch direct dem Ministerium für Landwirthschaft ꝛc. Anzeige gemacht werden.

Bei militairischen Commandos erfolgt diese Benachrichtigung von Seiten des Corps.

Im Uebrigen sind alle an das Königliche Ministerium für Landwirthschaft ꝛc. gerichteten Gesuche und Meldungen dem Commando zur weiteren Veranlassung einzureichen.

§ 7. Für den Aufenthalt in den Forsten sind von den Feldjägern die von Seiten des Königlichen Ministeriums für Landwirthschaft ꝛc. unterm 1. August 1883 u. s. w. erlassenen Bestimmungen (cfr. Art. I.) genau zu beachten.

§ 8. Damit jedoch das Commando beständig in der Lage bleibt, sich ein Urtheil über den Fortschritt der Studien der Feldjäger zu bilden, sollen dieselben vom Tage des Eintritts in das Corps, bis zu dem Commando zur Akademie ein alljährlich unaufgefordert zum 1. Januar einzureichendes und in Folioformat zu fertigendes Tagebuch führen, worin nicht die Art der Beschäftigung allein, sondern auch ein eigenes Urtheil über alle vorgekommenen und auf die forstliche Vorbildung Bezug habenden Lehrgegenstände dargethan sein muß.

Statt dieses Tagebuches genügt ein Beschäftigungsnachweis in den Fällen, wo der Feldjäger mit geometrischen Arbeiten beschäftigt ist. Das Tagebuch soll als Anhang eine generelle Revierbeschreibung von dem Lehrreviere nebst Wirthschaftskarte, außerdem, wenn möglich, einige größere Abhandlungen enthalten. Diese periodischen Berichte im Tagebuche müssen auch wirklich in den betreffenden Zeitpunkten selbst, und nicht erst dann gefertigt werden, wenn der Einsendungstermin herantritt.

Nach dem Ausfall des Tagebuches wird das Commando zur Akademie bemessen. — Nach Absolvirung der Lehrzeit wird dem Feldjäger dringend empfohlen, zu seiner mehrseitigen Ausbildung andere durch Boden- und Bestandsverhältnisse ausgezeichnete, wenn möglich auch in Betriebsart von seinem Lehrreviere verschiedene Oberförstereien zu besuchen, falls seine Commandirung zur Akademie nicht sofort erfolgen kann. Die Richtigkeit der in dem Tagebuche enthaltenen Zeitangaben muß von den betreffenden Oberförstern, bei welchen der Feldjäger sich während des Jahres aufgehalten hat, bescheinigt werden.

§ 9. Zur Uebernahme einer forsttechnischen oder geometrischen Privatarbeit ist bei Einholung der Genehmigung des Commandeurs anzugeben:

a) die Art der Arbeit,
b) die muthmaßliche Dauer und der Anfang derselben, sowie
c) die besonderen Verpflichtungen, welche dabei eingegangen werden sollen.

Nach abgelegtem Tentamen ist auch die Genehmigung des Ministeriums für Landwirthschaft ꝛc. durch das Commando einzuholen.

§ 10. Das Commando bestimmt diejenige Forstakademie, die zur Vornahme der technischen Studien zu besuchen ist. Persönlichen Wünschen wird dabei, soweit die Dienstverhältnisse es gestatten, Rechnung getragen.

§ 11. Für die Dauer des Aufenthaltes auf der Akademie gelten die ministeriellen Bestimmungen, welche jedem Studirenden bei der Inscription übergeben werden (cfr. Art. II).

In militairischer Hinsicht ist der dem Offizier-Patent nach älteste, zur betreffenden Forstakademie commandirte Feldjäger als „Commando-Aeltester" der nächste Vorgesetzte. Der Commando-Aelteste ist berechtigt, in bringenden Fällen einen 48stündigen Urlaub selbstständig zu ertheilen. Längerer Urlaub außerhalb der akademischen Ferien kann nur nach erfolgter Genehmigung des Akademie-Direktors beim Commando beantragt werden.

§ 12. Die nach Vorschrift der Bestimmungen vom 1. August 1883 ꝛc. einzureichende Meldung zum Tentamen geht durch das Commando an das Ministerium für Landwirthschaft ꝛc. Genannte Bestimmungen gelten auch für die Ausbildung während des forstlichen Bienniums und die Ablegung des Staatsexamens. Die Meldung um Zulassung zu letzterem erfolgt, wie oben beim Tentamen gesagt.

§ 13. Die Feldjäger haben, so lange sie dem Corps angehören, ohne Unterschied der Function, zu welcher sie commandirt sind, als zum stehenden Heere gehörig, den Eid auf die Verfassung (Art. 10 d. V. U. vom 31. Januar 1850) nicht zu leisten. Diese Vereidigung kann erst nach erfolgter Entlassung aus dem Corps, also nach Anstellung im Civildienst, erfolgen.

Will jedoch ein Mitglied des Corps als Feldmesser fungiren, so darf es zwar den Diensteid der Civilstaatsdiener auf die Verfassung ablegen, muß jedoch zu dem desfalls bei einer Königlichen Regierung zu stellenden Antrag die Genehmigung des Commandos einholen.

Die Vereidigung auf das Forst=Diebstahlsgesetz vom 15. April 1878 und die Ertheilung der Er= laubniß zum Waffengebrauch nach Maßgabe des Gesetzes vom 31. März 1837 kann nur auf Antrag einer Königlichen Regierung und gewöhnlich erst nach absolvirtem forstlichen Tentamen erfolgen.

a.
Bedingungen für die Aufnahme in das Reitende Feldjäger=Corps.

Für die Aufnahme in das Reitende Feldjäger=Corps werden folgende Anforderungen gestellt:
Der Feldjäger=Aspirant muß:
  I. In einem der gegenwärtig zum Deutschen Reiche gehörigen Staaten geboren sein, zwischen dem 19. und 23. Lebensjahre stehen und sich zu einer der christlichen Confessionen bekennen.
  II. Einen völlig gesunden Körper haben.
  III. Von untadelhaften Sitten sein.
  IV. Ein Gymnasium des Deutschen Reichs oder ein Preußisches Realgymnasium mit dem Zeugniß der Reife verlassen haben.
  V. Die nöthigen Mittel zur Verfolgung der Carrière besitzen.
  VI. Seiner Militairdienstpflicht bei einem Jäger= resp. dem Garde=Schützen=Bataillon genügt haben.
  VII. Sich einer der künftigen Bestimmung angemessenen Prüfung unterwerfen.

Die eigenhändig abzufassende Meldung zur Aufnahme hat zu erfolgen, sobald der Aspirant in die Armee eingetreten ist, und ist dazu die Einreichung folgender Zeugnisse erforderlich:
  1. Ein Geburtsschein, welcher die Anforderungen ad I. nachweist.
  2. Ein von dem Bataillonsarzt ausgestelltes Gesundheits=Attest mit ausdrücklicher Aeußerung über gutes Seh=, Hör= und Sprachvermögen.
  3. Das Abiturienten=Zeugniß, welches eine unbedingt genügende Censur in der Mathematik enthalten muß.
  4. Ein notariell oder gerichtlich beglaubigter Vermögens=Nachweis. Derselbe muß aussprechen, daß der Aspirant das genügende eigene Vermögen zur Verfolgung der Carrière besitzt, oder daß ihm hinreichende Zulagen selbst nach dem Ableben der Eltern zur fortlaufenden Erhebung sicher gestellt sind. Als Anhalt wird bemerkt:
     a) Die Ausbildung muß während der ersten 6 bis 8 Jahre aus eigenen Mitteln bestritten werden mit einem Aufwande von jährlich mindestens 1200 Mark.
     b) Die allernöthigste Equipirung bei dem Eintritt in das Corps erfordert mindestens 400 Mark.

Meldung und die Zeugnisse ad 1—4 hat der Feldjäger=Aspirant sofort beim Eintritt als Einjährig= Freiwilliger seinem Bataillons=Commandeur vorzulegen, welcher dieselben mit einer Aeußerung über die dienstliche und moralische Qualification des Betreffenden am 1. December j. J. zur Prüfung und weiteren Veranlassung dem Commando des Feldjäger=Corps einsenden wird. Ist die Meldung vorschriftsmäßig erfolgt, so wird nach sorgfältiger Erwägung sämmtlicher Verhältnisse der Aspirant für das nächste, in der Regel im Herbst j. J. stattfindende Eintrittsexamen (cfr. ad VII) notirt und s. Z. vorgeladen.

Die hauptsächlichsten Prüfungs=Gegenstände desselben sind folgende:
  a) Allgemeine Bildung: Vollständige Kenntniß der deutschen Grammatik, logisch richtiger Styl, Gewandheit im schriftlichen und mündlichen Vortrage, nebst einiger Uebung im ge= gebräuchlichen Geschäftsstyl.
  b) Neuere Sprachen. Im Französischen die nöthigen Kenntnisse, um ein gegebenes Thema schriftlich bearbeiten und mit einiger Geläufigkeit sprechen zu können. Einige Kenntniß der englischen Sprache ist erwünscht, wenn auch nicht unbedingt erforderlich.

c) Mathematik. Arithmetik: Arithmetische und geometrische Progression, Logarithmen, quadratische und einfache logarithmische Gleichungen, Lehre von den Potenzen, Zinseszins- und Rentenrechnung. Geometrie: Die ganze Planimetrie, ebene Trigonometrie und niedere Stereometrie.

d) Geschichte und Geographie: Allgemeine Kenntniß überhaupt, insbesondere aber in der vaterländischen.

e) Reiten: Die Fertigkeit im Reiten ist von den Aspiranten in einer besonderen Prüfung nachzuweisen.

Berlin, im November 1881.

Der Chef des Reitenden Feldjäger-Corps.

(gez.) Graf von der Goltz,

General-Adjutant Seiner Majestät des Kaisers und Königs und General der Kavallerie.

IV.
Uebersicht
über
die zweckmäßigste Reihenfolge des Ausbildungsganges für den Königlichen Forstverwaltungsdienst.

Die Bestimmungen über die Ausbildung für die Anstellung in der Preußischen Staatsforstverwaltung sind enthalten in dem Erlasse des Ministers für Landwirthschaft, Domänen und Forsten vom 1. August 1883 (Art. I.) und in den weiterhin erwähnten Regulativen und Verordnungen.

Bedingungen der Zulassung sind:
1. Besitz des Reifezeugnisses von einem Deutschen Gymnasium oder einem Preußischen Realgymnasium, dabei eine unbedingt genügende Censur in der Mathematik,
2. ein über 22 Jahre nicht hinausgehendes Lebensalter,
3. Feldbienstfähigkeit,
4. Unbescholtenheit,
5. Nachweis der Subsistenzmittel für einen Zeitraum von 7 Jahren. (Art. I. § 3).

Es können drei Wege der Ausbildung eingeschlagen werden: die Civil-Carrière, die Feldjäger-Carrière und die Fußjäger-Carrière.

I. Civil-Carrière.
A. Abiturienten-Examen im Herbst.

	Dauer der Ausbildung	
	Jahr	Mon.
1. Einjährige Lehrzeit bei einem Königl. Preuß. Oberförster, zweckmäßig vom 1. October ab. (Art. I. §§ 4—8.)	1	—
2. Ein Semester Universitätsstudium (Art. I. § 10.) October bis Ostern	—	6
3. Forst-Akademie. 4 Semester. (Art. I. § 9. — Das Studium auf der Forst-Akademie kann unterbrochen werden, z. B. durch Einschiebung der Universitätsstudien) Regulativ für die Königl. Forst-Akademien vom 24. Januar 1884. (Art. II.) Anmeldung beim Director bis zum 15. März unter Einreichung der im § 11 a. a. O. angegebenen Zeugnisse.	2	—
4. Ein Semester Universitätsstudien (Art. I. § 10.) Ostern bis Herbst	—	6
5. Ablegung des Forstreferendar-Examens (in der Regel nur einmal jährlich. — Art. I. §§ 11—16.)		
6. Militairdienstzeit. Wird als Studienzeit nicht angerechnet.	1	—
7. Forstlich-praktische Ausbildung — in derselben mindestens 6 Monate, die Monate Dezember bis Mai einschließende Försterzeit (am besten gleich Anfangs); — ferner 5 Monate Führung der Geschäfte eines Revierverwalters und 4 Monate Beschäftigung bei Betriebs-Regulirungsarbeiten, im Uebrigen Ausbildung nach eigener Wahl. (Art. I. §§ 17—26).	2	—
8. Ablegung des Forstassessor-Examens mit Vorbereitung etwa (Art. I. §§ 27—30.) Die Zeit des bestandenen Assessor-Examens (Staatsexamens) entscheidet über die Ancienetät für die Anstellung als Oberförster.	—	5
Zusammen	7	5

	Dauer der Ausbildung	
	Jahr	Mon.

B. Abiturienten-Examen zu Ostern.

1. Lehrzeit von Ostern zu Ostern	1	—
2. Forst-Akademie	2	—
3. Universität	1	—
4. Ablegung des Forst-Referendar-Examens.		
5. Im Uebrigen wie ad A	3	5
Zusammen . . .	7	5

II. Feldjäger-Carrière.

Dienst-Instruction für das Königl. Reitende Feldjäger-Corps vom 1. August 1874. (Art. III.)

1. Militairdienstzeit als Einjährig-Freiwilliger bei einem Jäger- oder dem Garde-Schützen-Bataillon	1	—

Die Meldung zur Aufnahme hat zu erfolgen sofort nach Eintritt in die Armee. Beizufügen: 1. Geburtsschein. — 2. Gesundheits-Attest. — 3. Abiturienten-Zeugniß (Mathematik: unbedingt genügend.) — 4. Notariell oder gerichtlich beglaubigter Vermögens-Nachweis (mindestens jährlich 1200 Mark auf 6—8 Jahre) (Art. III. Anl. a.)

2. Feldjäger-Prüfung. Einstellung in das Feldjäger-Corps (Art. III. §§ 3, 4 u. Anl. a.)

Im Uebrigen ist den Erfordernissen ad I. A. ebenso zu genügen, wie seitens der Anwärter aus der Civil-Carrière.

Da die Zeit der Prüfung und der Commandirung zur Forst-Akademie von der Militairbehörde bestimmt wird: so ist der weitere Zeitplan für die forstliche Ausbildung hiervon abhängig.

Die Feldjäger haben während des Aufenthalts auf der Forst-Akademie Anspruch auf Gehalt, Honorarfreiheit, und, soweit die vorhandenen Dienstwohnungen ausreichen, auch freie Wohnung und freies Brennmaterial. — Sie können nach Beendigung ihrer forstlichen Ausbildung (nach Ablegung des Forstassessor-Examens) bis zur Anstellung als Oberförster nach dem Ermessen der Militairbehörde in den Dienst kommandirt werden (Courier-Reisen, Stationirung ꝛc.). Eine forstliche Beschäftigung kann nur mit Genehmigung der Militairbehörde stattfinden, welche ertheilt wird, wenn die militairischen Verhältnisse es gestatten.

III. Fußjäger-Carrière.

(Regulativ über Ausbildung, Prüfung und Anstellung für die unteren Stellen des Forstdienstes in Verbindung mit dem Militairdienste im Jäger-Corps vom 15. Februar 1879. — Verlags-Buchhandlung von Julius Springer, Berlin N., Monbijouplatz 3.)

A. Abiturienten-Examen im Herbst.

1. Lehrzeit bei einem Königl. Oberförster	1	—
2. Militairdienst bei einem Jäger- oder dem Garde-Schützen-Bataillon	1	6

Der Eintritt kann als Jäger oder als Einjährig-Freiwilliger erfolgen. (§ 13 des Regulativs ꝛc.*) — § 21 der Ausführungs-Bestimmungen zum Regulativ ꝛc. vom 10. April 1880.)**) Der Eintritt als Einjährig-Freiwilliger verdient den Vorzug.

Ein zum einjährig-freiwilligen Dienst berechtigter Forsteleve, welchem die Mittel zum Unterhalt während der einjährigen activen Dienstzeit fehlen, darf ausnahmsweise mit Genehmigung des General-Commandos, welche nach erfolgtem Diensteintritt durch Vermittelung des Jäger-Bataillons und der Inspection der Jäger und Schützen nachzusuchen ist, in die Verpflegung des Truppentheils unter Anrechnung auf den Etat, aufgenommen werden. (§ 13 des Regulativs ꝛc.)

Seite . . .	2	6

*) **) Vergl. die Noten auf Seite 32.

— 32 —

	Dauer der Ausbildung	
	Jahr	Mon.
Uebertrag . . .	2	6
Verpflichtung zur 12jährigen Gesammtdienstzeit im Jäger=Corps.		
3. Commandirung zur Forst=Akademie	2	—
4. Im Uebrigen wie bei I. B	3	5
Die abcommandirten Jäger erhalten auf der Akademie die ihnen nach ihrer militairischen Charge zustehenden Competenzen an Gehalt, Servis 2c. (als Oberjäger ca. 30 Mark, als Jäger ca. 15 Mark monatlich) und sind von der Honorarzahlung befreit. (§ 21 der Ausf.=Best.)		
Auch während des auf der Universität zu absolvirenden Jahres darf den Fuß= jägern das chargenmäßige Militairgehalt gewährt werden. (Kriegsministerial=Erlaß vom 13. September 1884 No. 6./9. M. O. D. 3, und Armee=Verordnungsblatt pro 1884 No. 17.)		
Zusammen . . .	7	11
B. Abiturienten=Examen zu Ostern		
1. Lehrzeit	1	—
2. Universitätsstudium	—	6
3. Eintritt beim Jäger= oder Garde=Schützen=Bataillon	1	6
4. Akademie	2	—
5. Im Uebrigen wie bei I. A.	2	11
Zusammen . . .	7	11

*) Der hier in Betracht kommende § 13 des oben bezeichneten Regulativs vom 15. Februar 1879 lautet:

Sämmtliche in der Prüfung bestandenen Jäger haben die Aussicht, nach absolvirter aktiver Dienstpflicht bei tadel= freier Führung, auf ihren Wunsch, zum Dienst auf Erwerbung einer Forstanstellungsberechtigung nach Maßgabe der nach= stehenden Bestimmungen zugelassen zu werden.

Denjenigen Jägern dieser Klasse, welche das Abgangszeugniß der Reife von einem Gymnasium des Deutschen Reichs oder einem Preußischen Realgymnasium erworben und den für die Zulassung zur Oberförsterlaufbahn maßgebenden Vorschriften Genüge geleistet haben, steht zugleich der Weg zur höheren Forstcarriere offen.- (Jäger mit dieser Qualification haben die Aussicht, von der Inspection der Jäger und Schützen eine Freistelle auf einer Forstakademie zu erhalten.)

Für die Aspiranten, welche auf diesem Wege die Befähigung für den höheren Forstdienst erwerben wollen, genügt eine nach Erlangung des vorschriftsmäßigen Schulzeugnisses der Reife zurückzulegende mindestens einjährige praktische Vor= bereitung im Walde, welche jedoch nur bei einem im Staatsdienste stehenden Oberförster absolvirt werden darf, aber auch noch bis zum 1. October des Kalenderjahres, in welchem das 19. Lebensjahr vollendet wird, und wenn in Folge erlangter Berechtigung zum einjährig freiwilligen Militairdienste eine Zurückstellung gestattet ist, auch noch bis zum 1. October des Kalenderjahres, in welchem das 22. Lebensjahr vollendet wird, begonnen werden kann. Die Aspiranten dieser Kategorie haben statt des im § 8 bezeichneten Lehrattestes das Zeugniß über die befriedigende Absolvirung jenes mindestens einjährigen Lehr= kursus und das Zeugniß der Reife von einem Gymnasium oder einem Realgymnasium beizubringen, und sind von der Jäger= prüfung §§ 10—12 dispensirt.

Die befriedigende Absolvirung jenes Lehrkursus wird für die Aspiranten dieser Kategorie der Jägerprüfung mit dem Prädikate „Sehr gut" gleich geachtet.

Ein zum einjährig freiwilligen Dienst berechtigter Forsteleve, welchem die Mittel zum Unterhalt während der ein= jährigen aktiven Dienstzeit fehlen, darf ausnahmsweise, mit Genehmigung des General=Commandos, in die Verpflegung des Truppentheils, unter Anrechnung auf den Etat, aufgenommen werden.

**) § 21 der Ausführungs=Bestimmungen vom 10. April 1880 lautet im Auszuge:

Neben der Erwerbung von Forstversorgungs=Ansprüchen nach Maßgabe des Regulativs vom 15. Februar 1879 bietet der Eintritt in den Dienst eines Jäger= (Schützen=) Bataillons zugleich die Möglichkeit, die höhere Laufbahn für den König= lichen Forstverwaltungsdienst betreten zu können, wenn der Betreffende bei Nachweis der hierzu erforderlichen wissenschaftlichen Qualification durch vorzügliche Dienstführung sich würdig erweist, seitens der Inspection zu einer der von ihr zu vergebenden Freistellen auf den Forst=Akademien zu Eberswalde (4 Stellen) und Münden (10 Stellen) zugelassen zu werden.

Die desfallsigen Vorschläge sind der Inspection mit den Monatseingaben pro Januar jeden Jahres vorzulegen. Diese Vorschläge dürfen nur für Mannschaften der Klasse A. des activen Dienststandes gemacht werden, welche mindestens zum Termin der Commandirung eine 1½ jährige Dienstzeit absolviren, sich bis zum Vorschlage tadellos geführt, das 25. Lebens= jahr noch nicht überschritten und sich über den nach dem Regulativ für die Königlichen Forst=Akademien zu Eberswalde und Münden vom 24. Januar 1884 (I. Seite 19) erforderlichen Grad der wissenschaftlichen Bildung ausgewiesen haben.

Den Vorschlägen sind die im § 11 des Regulativs vorgeschriebenen Zeugnisse 2c. beizufügen.

Die Betreffenden werden während der Dauer des Lehrkursus als commandirt geführt und erhalten das volle chargen= mäßige Gehalt.

Im Uebrigen regelt eine besondere Instruction das Verhalten des Commandirten.

V.
Anhang.
Vorschriften über die Prüfung der öffentlich anzustellenden Landmesser.

Wer in Gemäßheit des § 36 der Gewerbe-Ordnung vom 21. Juni 1869*) als Landmesser öffentlich angestellt werden will, hat sich einer Prüfung zu unterwerfen, für welche die nachstehenden Vorschriften zur Anwendung kommen.

Ober-Prüfungs-Kommission für Landmesser.

§ 1. Das Landmesser-Prüfungswesen wird der
„Ober-Prüfungs-Kommission für Landmesser"
unterstellt, welche insbesondere

1. die Geschäftsthätigkeit der Prüfungs-Kommissionen (§ 3) bezüglich des Prüfungs-Verfahrens und der gleichmäßigen Ausübung der Prüfungs-Vorschriften zu regeln,
2. über die Qualifikation der geprüften Kandidaten zum Landmesser endgültig zu entscheiden,
3. die Bestellungen zum Landmesser auszufertigen.

hat.

§ 2. Die Ober-Prüfungs-Kommission (§ 1) wird gebildet aus je einem Kommissarius
a) des Ministers für öffentliche Arbeiten,
b) des Finanz-Ministers,
c) des Ministers für Landwirthschaft, Domänen und Forsten.

Diesen Kommissarien tritt für den Fall, daß eine der in § 3 genannten höheren Lehranstalten zu den Ressorts des Ministers der geistlichen, Unterrichts- und Medizinal-Angelegenheiten gehört, ein Kommissar dieses Ministers hinzu. Die Geschäfte des Vorsitzenden der Ober-Prüfungs-Kommission werden von dem dienstältesten Mitgliede wahrgenommen.

Prüfungs-Kommission für Landmesser.

§ 3. Behufs der Prüfung der Kandidaten der Landmeßkunst wird bei denjenigen höheren Lehranstalten, bei welchen ein Kursus für Landmesser (§ 5., Nr. 5) eingerichtet ist, eine
„Prüfungs-Kommission für Landmesser"
bestellt.

Die Mitglieder der Prüfungs-Kommissionen und deren Vorsitzende werden nach Anhörung des Gutachtens der Ober-Prüfungs-Kommission (§ 1) durch die im § 2 genannten Minister berufen.

Beschlußfassung der Prüfungs-Kommissionen.

§ 4. Die Beschlüsse der Ober-Prüfungs-Kommission (§§ 1 und 2) und der Prüfungs-Kommissionen (§ 3) werden nach Stimmenmehrheit gefaßt.

Bei Stimmengleichheit giebt die Stimme des Vorsitzenden den Ausschlag.

Bedingungen der Zulassung zur Prüfung.

§ 5. Wer die Prüfung zum Landmesser ablegen will, hat sich bei einer Prüfungs-Kommission (§ 3) zu melden, und folgende nicht stempelpflichtige Nachweise und Zeugnisse einzureichen:

---

*) § 36 der Gewerbe-Ordnung lautet:
Das Gewerbe der Feldmesser, Auctionatoren ꝛc. . . . . darf zwar frei betrieben werden, es bleiben jedoch die verfassungsmäßig dazu befugten Staats- oder Communalbehörden oder Korporationen auch ferner berechtigt, Personen, welche diese Gewerbe betreiben wollen, auf die Beobachtung der bestehenden Vorschriften zu beeidigen und öffentlich anzustellen.

Die Bestimmungen der Gesetze, welche den Handlungen der genannten Gewerbetreibenden eine besondere Glaubwürdigkeit beilegen oder an diese Handlungen besondere rechtliche Wirkungen knüpfen, sind nur auf die von den verfassungsmäßig dazu befugten Staats- oder Kommunalbehörden oder Korporationen angestellten Personen zu beziehen.

1. eine selbst verfaßte und selbst geschriebene Beschreibung seines Lebenslaufs,
2. ein Zeugniß der Ortspolizeibehörde über seine Unbescholtenheit,
3. als Nachweis der erforderlichen allgemeinen wissenschaftlichen Bildung, entweder
    a) ein Zeugniß über die erlangte Reife zur Versetzung in die erste Klasse eines Gymnasiums, einer Realschule erster Ordnung bezw. einer lateinlosen Realschule (Gewerbeschule) mit neunjährigem Lehrgange, oder in die erste Klasse (Fachklasse) einer nach der Verordnung vom 21. März 1870 reorganisirten Gewerbeschule, oder
    b) das Abgangszeugniß der Reife einer Realschule zweiter Ordnung oder einer höheren Bürgerschule mit siebenjährigem Lehrgange. (Welche nichtpreußischen Lehranstalten den unter a und b genannten Schulen gleichwerthig zu erachten sind, entscheidet im gegebenen Falle der Minister der geistlichen, Unterrichts- und Medizinal-Angelegenheiten.)
4. das Zeugniß eines oder mehrerer geprüfter Landmesser (Feldmesser) über die praktische Beschäftigung bei Vermessungs- und Nivellements-Arbeiten (§§ 7 und 9),
5. den Nachweis des regelmäßigen Besuchs des bei den im § 3 bezeichneten höheren Lehranstalten für Landmesser eingerichteten Kursus (§§ 8 und 9.)

§ 6. Offiziere des stehenden Heeres sind von der Beibringung eines Zeugnisses über den erlangten Grad der schulwissenschaftlichen Bildung (§ 5 Nr. 3) entbunden und haben nur durch Einreichung des ihnen ertheilten Offizier-Patents über ihre persönlichen Verhältnisse sich auszuweisen.

§ 7. 1. In dem Zeugnisse über die praktische Beschäftigung (§ 5 Nr. 4) müssen diejenigen Arbeiten, welche der Kandidat unter Aufsicht, jedoch selbstständig ausgeführt hat, speziell namhaft gemacht, nach ihrem Umfange — die Vermessungen in Hektaren, die Nivellements in Metern — angegeben und in der Art der Ausführung unter Angabe der dabei gebrauchten Instrumente näher bezeichnet, auch in Beziehung auf die Richtigkeit der Ausführung bescheinigt sein.

2. Der Gesammtumfang des mit allen Spezialien vermessenen, kartirten und berechneten Areals muß mindestens 100 Hektare, und die Länge der in Stationen von nicht über 50 Metern nivellirten, unter Aufzeichnung des Terraindurchschnitts aufgetragenen Strecke mindestens 8 Kilometer betragen. Es ist aber nicht erforderlich, daß das vermessene Areal einen zusammenhängenden Komplex von 100 Hektaren bildet, vielmehr für ausreichend zu halten, wenn die Vermessung aus zwei Theilen, von welchen der kleinere nicht unter 20 Hektare umfassen darf, besteht.

Die nivellirte Strecke von 8 Kilometern darf in nicht mehr als zwei getrennte Theile zerfallen und müssen darin mindesten 4 Kilometer Nivellement fließenden Wassers enthalten sein.

3. In Bezug auf die von den Kandidaten aus der Rheinprovinz und aus den Provinzen Westfalen und Hessen-Nassau ausgeführten praktischen Arbeiten ist es wegen der besonderen Agrarverhältnisse dieser Provinzen, in welchen sich selten Gelegenheit zum Vermessen größerer Landkomplexe findet, ausnahmsweise für ausreichend zu erachten, wenn die Vermessungen aus drei in sich geschlossenen Theilen, jeder einzelne jedoch nicht unter 20 Hektaren Inhalt bestanden haben.

§ 8. Dem Nachweise des Besuchs des Landmesser-Kursus (§ 5 Nr. 5) sind die während der Studienzeit angefertigten und als solche von dem Lehrer beglaubigten praktischen Arbeiten geodätischen und kulturtechnischen Inhalts beizufügen.

§ 9. 1. Die praktische Beschäftigung (§ 5 Nr. 4) und der regelmäßige Besuch des Kursus für Landmesser (§ 5 Nr. 5) müssen zusammengenommen einen Zeitraum von mindestens drei Jahren umfassen. Innerhalb dieses Zeitraums muß auf die praktische Beschäftigung mindestens ein Jahr und auf den Besuch des Landmesser-Kursus ebenfalls mindestens ein Jahr entfallen, während das dritte Jahr ganz oder theilweise ebensowohl zur praktischen Beschäftigung wie zum Besuch des Landmesser-Kursus verwendet werden kann.

2. Die mindestens einjährige praktische Beschäftigung (§ 5 Nr. 4 und § 7) muß dem Besuche des Landmesser-Kursus (§ 5 Nr. 5) vorangehen.

3. Ob und mit welcher Zeit der Besuch eines entsprechenden Kursus an einer nicht preußischen Lehranstalt für anrechnungsfähig zu erachten ist, wird von der Ober-Prüfungs-Kommission (§ 1) bestimmt.

Darlegung der Fertigkeit im Kartenzeichnen.

§ 10. 1. Der Kandidat hat genügende Fertigkeit im Kartenzeichnen nachzuweisen.
2. Dieser Nachweis wird geführt:
a) durch die Studienzeichnungen, welche sich unter den gemäß der Vorschrift in § 8 einzureichenden praktischen Arbeiten befinden,
b) falls die Zeichnungen nicht genügen, durch Anfertigung einer besonderen Probekarte.

3. Darüber, ob die Studienzeichnungen den genügenden Nachweis der Fertigkeit im Planzeichnen gewähren (Nr. 2 zu a), oder ob der Kandidat eine besondere Probekarte anzufertigen hat, (Nr. 2 zu b) entscheidet die Prüfungs-Kommission (§ 3) nachdem sie zuvor die sämmtlichen von dem Kandidaten gemäß §§ 5 bis 9 eingereichten Zeugnisse und Nachweise geprüft und für ausreichend befunden hat.

§ 11. 1. Die besondere Probekarte (§ 10 Nr. 2 zu b) ist durch Kopiren oder Reduziren der von der Prüfungs-Kommission speziell zu bestimmenden Karte anzufertigen.

2. Bei den Studienzeichnungen wie bei der Auswahl der Probekarte ist nicht auf großen Umfang der Zeichnungen, sondern vorzugsweise darauf zu sehen, daß der Kandidat seine Fertigkeit im Planzeichnen, und zwar in der richtigen Darstellung sowohl der Berge, Thäler, Flüsse und Seeen, als auch der übrigen auf ökonomischen Situationsplänen vorkommenden Gegenstände, wie Aecker, Gärten, Wiesen, Wälder, Gebäude u. s. w. und in dem vorgeschriebenen Kolorit derselben nicht minder in der Kartenschrift an den Tag legt.

3. Die fertige Probekarte hat der Kandidat mit seiner vollen Namensunterschrift zu bezeichnen und nebst dem Original an die Prüfungs-Kommission innerhalb der von derselben zu bestimmenden Frist, welche den Zeitraum von acht Wochen nach Beendigung der Prüfung (§§ 16 bis 19) nicht überschreiten darf, einzureichen. Unter besonderen Umständen, z. B. in Fällen nachgewiesener Erkrankung des Kandidaten, kann die Prüfungs-Kommission die Frist angemessen verlängern.

4. Der Kommission bleibt es überlassen, dem Kandidaten nach Einreichung der Probekarte die Zeichnung eines kleinen Abschnitts aus derselben unter Klausur aufzugeben.

§ 12. Die Gegenstände der Landmesser-Prüfung sind folgende:

1. Elementare Mathematik

mit Einschluß der Anfangsgründe der darstellenden Geometrie, ferner der sphärischen Trigonometrie, soweit dieselbe in der Geodäsie in Betracht kommt.

2. Analytische Geometrie

a) aus der analytischen Geometrie der Ebene:
   Linear- und Polar-Koordinaten. Die gerade Linie. Die Kegelschnitte. Allgemeine Gleichung der Linien zweiten Grades.
b) aus der analytischen Geometrie des Raumes:
   Koordinatensysteme. Die ebene Fläche. Gleichungen der Umdrehungsflächen, insbesondere derjenigen der Cylinder und Kegel. Von den Flächen zweiten Grades das Elipsoid.

3. Algebraische Analysis.

Aus derselben:
Die Lehre von den Kombinationen. Der binomische Lehrsatz für alle Exponenten. Die unendlichen Reihen. Konvergenz und Divergenz derselben. Exponentialreihe, logarithmische Reihen, Reihen für Sinus und Kosinus. Einiges von den algebraischen Gleichungen höheren Grades mit einer Unbekannten. Auflösung der zweigliedrigen Gleichungen höheren Grades. Interpolationsrechnung.

4. Höhere Analysis.

Elemente der Differential- und Integralrechnung, soweit dieselben in der Geodäsie in Betracht kommen.

5. Theorie der Beobachtungsfehler und Ausgleichung derselben nach der Methode der kleinsten Quadrate, in ihrer Anwendung auf Aufgaben der Landmeß- und Instrumenten-Kunde.

6. Landmeßkunde.

a) Längenmessung. Winkelmessung. Trigonometrische und polygonometrische Punktbestimmung. Berechnung der rechtwinkligen Koordinaten auf der Ebene, desgleichen von sphärischen, sphäroidischen und geographischen Koordinaten. Fluraufnahme in großem und kleinem Umfange.
b) Das Kopiren, Reduziren und Entwerfen der Karten. Eigenschaften und Behandlung des Kartenpapiers. Geläufige Anwendung der allgemeinen Vorschriften über Kartensignaturen.
c) Flächenberechnung.

d) Feldertheilung ohne und mit Berücksichtigung der Bonität der Grundstücke.
e) Vertheilen der unvermeidlichen Fehler nach Näherungsmethoden. Die am häufigsten sich ereignenden groben Irrthümer im Messen und Rechnen ꝛc. und die Mittel zur Vermeidung und Auffindung derselben.
f) Kenntniß der in Preußen vorhandenen allgemeinen Vermessungswerke, sowie Kenntniß der wesentlichsten für Kataster-, Auseinandersetzungs-, Forst-, Eisenbahn-, Straßen-, Strom-Vermessungen in Preußen ergangenen Vorschriften.

7. Nivelliren.

a) Geometrische Längen- und Flächen-Nivellements. Ausführung derselben im Felde, insbesondere auch das Nivelliren von Wasserläufen und das Peilen der Längen- und Querprofile u. s. w. Auftragen von Längen- und Querprofilen, Entwerfen der Niveaukurven durch Abstecken im Terrain, aus Profilen und aus zerstreuten Höhenpunkten.
b) Trigonometrisches Nivellement auf Grund von trigonometrisch bestimmten oder von Plänen entnommenen oder direkt gemessenen Zieldistanzen (Distanzmesser). Einfluß der Refraktion der Lichtstrahlen.
c) Barometrische Höhenmessung.
d) Kenntniß der in Preußen geltenden allgemeinen Bestimmungen über die Ausführung der Nivellements und die Zeichnung der Nivellementspläne.

8. Traciren

oder Vorerhebungen, Massenberechnungen und Absteckungen zum Erd- und Wasserbau.

a) Anwendung von Längen- und Flächen-Nivellements auf besondere wirthschaftliche Untersuchungen. Bestimmung der Wassermengen in kleineren fließenden Gewässern.
b) Ergänzung fertiger Situationspläne durch Flächen-Nivellements, Verbindung der letzteren mit der Horizontal-Aufnahme (Tachymetrie).
c) Massen-Nivellement und Massenberechnung.
d) Uebertragen von Linien aus den Plänen in das Gelände. Kurvenabsteckung.

9. Instrumentenkunde.

Die zum Landmessen, Nivelliren und Traciren, zum Kopiren, Reduziren und Entwerfen der Karten, sowie zur Flächenbestimmung dienenden Instrumente nach ihrer Einrichtung und Handhabung, ihren Mängeln, ihrer Prüfung und Berichtigung.

10. Landeskulturtechnik.

Elemente derselben in Bezug auf:
a) die Entwässerung und Bewässerung des Bodens;
b) das Entwerfen und Ausführen von Graben- und Wegenetzen;
c) die zweckmäßige Gestaltung der Eigenthumsstücke bei Grundstückszusammenlegungen und Theilungen.
d) Endlich die Taxationslehre mit der Bonitirung des Bodens.

11. Rechtskunde.

Kenntniß der bestehenden Gesetze und Vorschriften über diejenigen Rechtsverhältnisse, welche bei den Arbeiten der Landmesser hauptsächlich in Betracht kommen.

Prüfungstermin.

§ 13. Die Landmesserprüfungen finden regelmäßig am Schlusse eines Studiensemesters statt.

Ladung zur Prüfung.

§ 14. Gleichzeitig mit der gemäß § 10 Nr. 3 zu treffenden Entscheidung ladet die Prüfungs-Kommission (§ 3) den Kandidaten zur Prüfung in dem nächstfolgenden Prüfungstermine (§ 13).

Prüfungsgebühr.

§ 15. Vor der Zulassung zur Prüfung hat der Kandidat eine Gebühr von fünfzehn Mark an die ihm zu bezeichnende Kasse einzuzahlen. Kandidaten, welche in der Prüfung nicht bestanden, haben, wenn sie später zu einer Wiederholung derselben im Ganzen oder in einzelnen Fällen zugelassen werden (§ 25), alsdann die Prüfungsgebühr noch einmal zu entrichten.

Prüfung.

§ 16. 1. Die Prüfung zerfällt in:
 a) eine schriftliche,
 b) eine praktische und
 c) eine mündliche.

2. Die schriftliche und die praktische Prüfung gehen der mündlichen voraus.

3. Die schriftliche Prüfung soll in drei Tagen erledigt sein. Auf die praktische und die mündliche Prüfung sind in der Regel je zwei Tage zu verwenden.

4. Ueber die praktische und die mündliche Prüfung sind Protokolle aufzunehmen, welche den Gang und die Ergebnisse der Prüfung erkennen lassen.

§ 17. 1. Für die schriftliche Prüfung (§ 16, Nr. 1 zu a) sind mindestens drei Aufgaben aus den Disziplinen unter Nr. 1 bis 5 im § 12 und mindestens drei Aufgaben aus den Disziplinen unter Nr. 6 bis 10 a. a. O. zu ertheilen.

2. Die schriftliche Prüfung findet unter der Aufsicht mindestens eines Mitgliedes der Prüfungs-Kommission (§ 3) statt.

3. Das aufsichtsführende Kommissionsmitglied hat immer nur eine Aufgabe dem Kandidaten zu ertheilen, zur Lösung die von der Prüfungs-Kommission festgesetzte Frist zu stellen und erst nach erfolgter Lösung der Aufgabe bezw. nach Ablauf der Frist eine andere Aufgabe folgen zu lassen, selbst wenn die vorhergegangene noch gar nicht oder nicht vollständig sollte gelöst worden sein. Die bei der Lösung der einen Aufgabe gegen die gestellte Frist weniger verwendete Zeit kann den für die folgenden Aufgaben gestellten Fristen hinzugerechnet werden.

4. Die Zeit der Stellung der Aufgabe und der Ablieferung der Arbeit ist von dem aufsichtsführenden Kommissionsmitgliede nach Tag und Stunde auf der Arbeit zu vermerken.

5. Bei der schriftlichen Prüfung darf der Kandidat sich — mit Ausnahme der von der Prüfungs-Kommission ausdrücklich zur Benutzung gestatteten Logarithmen- und anderen Rechentafeln — keiner Hilfsmittel an Büchern, Heften oder dergleichen bedienen.

Zuwiderhandlungen hiergegen haben die durch Beschluß der Prüfungs-Kommission auszusprechende sofortige Ausschließung von der Fortsetzung der Prüfung zur Folge.

§ 18. Die praktische Prüfung (§ 16, Nr. 1 zu b) erfolgt im Beisein von mindestens zwei Mitgliedern der Prüfungs-Kommission durch die im Felde zu bewirkende Ausführung von Aufgaben aus dem Bereiche der Landmeßkunde, des Nivellirens und Tracirens (§ 12 Nr. 6 bis 8).

Die Lösung der Aufgaben muß die nothwendigen Messungsproben einschließen.

Werden mehre Kandidaten gleichzeitig geprüft, so müssen denselben verschiedene Aufgaben zur Ausführung überwiesen werden, welche thunlichst so auszuwählen sind, daß aus denselben gegenseitige Proben für die Richtigkeit der Lösung gewonnen werden.

Die die Ergebnisse der Messungen nachweisenden Feld-Manuale müssen in Tinte geführt, von dem Kandidaten und den anwesenden Mitgliedern der Prüfungs-Kommission unterschriftlich vollzogen und nebst den danach etwa angefertigten Zeichnungen u. s. w. zu den Prüfungs-Verhandlungen gebracht werden.

§ 19. Die mündliche Prüfung (§ 16, Nr. 1 zu c) umfaßt die im § 12 unter Nr. 1 bis 11 bezeichneten Disciplinen und hat die schriftliche Prüfung in geeigneter Weise zu ergänzen.

Urtheil über den Ausfall der Prüfung.

§ 20. 1. Die Prüfungs-Kommission (§ 3) fällt nach dem Ergebniß der schriftlichen, praktischen und mündlichen Prüfung nach vorheriger Berathung ihr Urtheil über den Ausfall der Prüfung in den einzelnen im § 12 bezeichneten Abtheilungen der Prüfungsgegenstände und in der dargelegten Fertigkeit im Zeichnen.

2. Zur gleichmäßigen Bezeichnung des verschiedenen Grades der Kenntnisse in den einzelnen Abtheilungen und der Fertigkeit im Zeichnen dienen ausschließlich die Prädikate:
 a) sehr gut (bei ausnahmsweise tüchtigen Leistungen: vorzüglich);
 b) gut;
 c) befriedigend;
 d) zulänglich;
 e) ungenügend.

3. Die Prüfungs-Kommission stellt für jeden Kandidaten ein Zeugniß nach dem von der Ober-Prüfungs-Kommission (§ 1) vorzuschreibenden Muster aus, welches mit dem Kommissions-Siegel versehen und von sämmtlichen Mitgliedern der ersteren unterschriftlich vollzogen wird.

Theilnahme eines Kommissarius der Ober-Prüfungs-Kommission.

§ 21. Die Ober-Prüfungs-Kommission (§ 1) ist berechtigt, zur Theilnahme an der Prüfung (§§ 16 bis 19) und an der Beschlußfassung der Prüfungs-Kommission (§ 3) über das Ergebniß der Prüfung (§ 20) eines ihrer Mitglieder als ihren Kommissarius abzuordnen. Der Kommissarius übernimmt den Vorsitz in der Prüfungs-Kommission und ist befugt, sofern die Beschlüsse den bestehenden Vorschriften widersprechen, oder das Prüfungs-Verfahren mangelhaft ist, die Berufung an die Ober-Prüfungs-Kommission einzulegen, welche die Prüfungs-Kommission nochmals zu hören und demnächst die Entscheidung zu treffen hat, an welche sodann die Prüfungs-Kommission gebunden ist.

Einreichung der Prüfungs-Verhandlungen an die Ober-Prüfungs-Kommission.

§ 22. Die Prüfungs-Kommission reicht die geschlossenen Prüfungs-Verhandlungen nebst den zugehörigen Dokumenten, Probekarten u. s. w. sowie das Prüfungszeugniß — und zwar für jeden einzelnen Kandidaten mittelst besonderen Berichtes — an die Ober-Prüfungs-Kommission ein. Vom Tage des Schlusses der mündlichen Prüfung bezw. des Einganges der vom Kandidaten gezeichneten Probekarte bei der Prüfungs-Kommission (§ 11, Nr. 3) an gerechnet, darf bis zur Einsendung der Prüfungs-Verhandlungen an die Ober-Prüfungs-Kommission ein Zeitraum von höchstens sechs Wochen verlaufen und letzterer ohne Angabe von Behinderungsgründen nicht überschritten werden.

Superrevision durch die Ober-Prüfungs-Kommission und Ausfertigung der Bestallung zum Landmesser.

§ 23. 1. Die Ober-Prüfungs-Kommission unterwirft ihrerseits die Prüfungs-Verhandlung und das von der Prüfungs-Kommission ausgefertigte Prüfungszeugniß der eingehenden Durchsicht, veranlaßt die Aufklärung etwa bestehender Bedenken und Unvollständigkeiten, entscheidet — falls sich gegen die beigebrachten Zeugnisse und Nachweise, sowie gegen das Prüfungsverfahren nichts zu erinnern findet, — über die allgemeine Qualifikation des Kandidaten zum Landmesser, fertigt darnach eventuell die mit dem Kommissionssiegel zu versehende und von den Kommissionsmitgliedern unterschriftlich zu vollziehende Bestallung desselben zum Landmesser aus und übersendet die letztere nebst dem Prüfungszeugniß der Prüfungs-Kommission zur Aushändigung.

2. Zur Bezeichnung der allgemeinen Qualifikation zum Landmesser finden die im § 20 unter Nr. 2 bezeichneten Prädikate gleichmäßige Anwendung.

§ 24. 1. Die Bestallung zum Landmesser wird nur solchen Kandidaten ertheilt, welche in allen Abtheilungen der Prüfungsgegenstände und in der Fertigkeit im Zeichnen mindestens das Prädikat „zulänglich" erhalten haben.

2. Das Prüfungszeugniß (§ 20) derjenigen Kandidaten, für welche die Ertheilung der Bestallung zum Landmesser versagt wird, verbleibt bei den Akten der Ober-Prüfungs-Kommission. Von der Versagung der Bestallung wird allen Prüfungs-Kommissionen (§ 3) Kenntniß gegeben.

§ 25. 1. Bezüglich derjenigen Kandidaten, deren Kenntnisse in einer oder mehreren Abtheilungen für „ungenügend" befunden worden sind, hat die Ober-Prüfungs-Kommission zu bestimmen, ob die Wiederholung der Prüfung frühestens nach einem halben oder nach einem ganzen Jahre stattfinden darf und ob die Wiederholung auf einzelne Abtheilungen, event. auf welche beschränkt werden kann, oder sich wieder auf alle Prüfungs-Gegenstände zu erstrecken hat;

2. Kandidaten, welche auch zum zweiten Male die Prüfung nicht bestanden haben, werden zu nochmaliger Wiederholung derselben in der Regel nicht zugelassen. Ausnahmen hiervon unterliegen der besonderen Genehmigung der Ober-Prüfungs-Kommission.

Nachträgliche Prüfung behufs Erlangung besserer Prädikate.

§ 26. Solchen Personen, welche die Bestallung zum Landmesser (§ 23) erhalten, aber in einzelnen Abtheilungen der Prüfungs-Gegenstände nur geringe Prädikate erlangt haben, ist es freigestellt, sich behufs Erlangung besserer Prädikate einer nochmaligen Prüfung in diesen Abtheilungen zu unterwerfen, worauf denselben bei nachgewiesenen besseren Kenntnissen anderweite Prüfungszeugnisse und Bestallungen ausgefertigt werden können.

Rechtsfolgen der Bestallung zum Landmesser.

§ 27. Die erlangte Bestallung zum Landmesser (§ 23) und die auf Grund derselben erfolgte Beeidigung begründet die im § 36 der Gewerbe-Ordnung vom 21. Juni 1869 (vergl. die Note auf S. 33) bezeichneten Rechte der öffentlich angestellten Feldmesser.

Besondere Bestimmungen in Betreff der Baumeister und Bauführer, sowie der Oberförster- und Forst-Kandidaten.*)

§ 28. Baumeister und Bauführer, sowie Oberförster-Kandidaten und Forst-Kandidaten, welche auf Grund der von ihnen als solche bereits abgelegten Prüfungen nachträglich auch die formelle Befähigung zum Landmesser erwerben wollen, haben die Bescheinigung eines Landmessers (Feldmessers) beizubringen, daß sie mindestens sechs Monate hindurch ununterbrochen nach abgelegter Bauführer-Prüfung bezw. nach abgelegtem forstlichen Tentamen**) ausschließlich mit speziell namhaft zu machenden Vermessungs- und Nivellementsarbeiten in dem nach § 7 vorgeschriebenen Umfange der dort angegebenen Art der Ausführung beschäftigt gewesen sind, und dabei bewiesen haben, daß sie selbständig richtige Vermessungen, Kartirungen und Berechnungen auszuführen vermögen.

§ 29. Unter Einreichung der erlangten Patente als Baumeister oder Bauführer bezw. des Zeugnisses über das bestandene forstliche Tentamen und der im § 28 vorgeschriebenen Nachweise hat Kandidat die Ertheilung einer Probearbeit im Planzeichnen bei einer Prüfungs-Kommission (§ 3) nachzusuchen.

Letztere ertheilt, nachdem die Nachweise als vorschriftsmäßig anerkannt worden, nach Maßgabe der Vorschriften unter Nr. 1 und 2 im § 11 die Probekarte und bestimmt den Termin zur Einreichung derselben.

§ 30. Nachdem Kandidat die mit seiner Namensunterschrift und der pflichtmäßigen Versicherung, daß er dieselbe allein gezeichnet und beschrieben, zu versehende Probekarte nebst dem zum Vorbilde benutzten Original der Prüfungs-Kommission eingereicht hat, wird solche von letzterer geprüft und nach Maßgabe des § 20 censirt. Ist die Probekarte für annehmbar erachtet, so legt die Prüfungs-Kommission dieselbe mit den in §§ 28 und 29 bezeichneten Zeugnissen und Nachweisen innerhalb einer Frist von längstens sechs Wochen vom Tage der Einreichung an gerechnet, der Ober-Prüfungs-Kommission vor.

§ 31. Die Ober-Prüfungs-Kommission entscheidet darnach, ob der Kandidat zum Landmesser befähigt ist, fertigt nach dem Befunde die Bestallung zum Landmesser aus und sendet dieselbe an die Prüfungs-Kommission zur Aushändigung.

Uebergangs-Bestimmungen.

§ 32. Bis zum 1. Januar 1885 kann die Prüfung als „Feldmesser" noch nach den bisherigen Vorschriften abgelegt und können darüber in der bisherigen Weise Qualifikationszeugnisse zum „Feldmesser" ausgefertigt werden, mit der Maßgabe jedoch, daß die nach den bisherigen Prüfungs-Vorschriften von der technischen Baudeputation versehenen, (durch die Verfügung vom 24. August 1880 vorläufig der technischen Ober-Prüfungs-Kommission übertragenen) Funktionen von der Ober-Prüfungs-Kommission für die Landmesser (§ 1) wahrgenommen werden.

Vom 1. Januar 1885 ab treten die bisherigen Vorschriften über die Prüfung der Feldmesser im ganzen Umfange außer Anwendung.

Berlin, den 4. September 1882.

Der Minister der öffentlichen Arbeiten.

Maybach.

Der Minister für Landwirthschaft, Domainen und Forsten.

Lucius.

Der Minister der geistlichen ꝛc. Angelegenheiten.

J. V.: Lucanus.

Der Finanz-Minister.

J. V.: Meinecke.

---

*) Jetzt Forst-Assessoren und -Referendare.
**) Forstreferendar-Examen.

MIX
Papier aus verantwortungsvollen Quellen
Paper from responsible sources
FSC® C105338

If you have any concerns about our products,
you can contact us on
ProductSafety@springernature.com

In case Publisher is established outside the EU,
the EU authorized representative is:
**Springer Nature Customer Service Center GmbH
Europaplatz 3, 69115 Heidelberg, Germany**

Printed by Libri Plureos GmbH
in Hamburg, Germany